国家自然科学基金项目(51674246)资助
国家重点研发计划项目(2020YFA0711800)资助
江苏省自然科学基金项目(BK20220322)资助
中国博士后科学基金面上项目(2020M681772)资助

非均质页岩储层体破裂增透的热-气-液-固耦合理论及产能模型研究

尚晓吉　王建国　张志镇　著

中国矿业大学出版社
·徐州·

内 容 简 介

我国页岩气资源储量和可开采量居世界前列，但是储层条件复杂，极大影响了页岩气藏采收效率与抽采寿命，亟待体积压裂改造以增透增产。改造过程中温度场、气水渗流场、储层变形场与裂隙场的多物理场间耦合作用显著，影响着页岩气采收效率。因此，开展非均质页岩储层体破裂增透的多物理场耦合研究并进行产能预测，可深入理解多物理场作用机理，具有重要的科学价值和工程实践意义。本书系统地总结了高低温作用下页岩矿物组分与孔裂隙结构特征及气水渗流规律，综合运用试验测试、理论分析与数值模拟等科学方法，深入研究非均质页岩体破裂增透过程中的热-气-液-固耦合理论及产能模型。

本书是一部有关页岩储层热处理增产过程中的多物理场耦合理论与产能预测方面的著作，可供采矿、油气与地质资源等专业的研究人员参考。

图书在版编目(CIP)数据

非均质页岩储层体破裂增透的热-气-液-固耦合理论及产能模型研究/尚晓吉，王建国，张志镇著. —徐州：中国矿业大学出版社，2022.9

ISBN 978-7-5646-5561-7

Ⅰ. ①非… Ⅱ. ①尚… ②王… ③张… Ⅲ. ①页岩—气藏—非均质储集层—研究 Ⅳ. ①P618.130.2

中国版本图书馆 CIP 数据核字(2022)第 173751 号

书　　名　非均质页岩储层体破裂增透的热-气-液-固耦合理论及产能模型研究
　　　　　Feijunzhi yeyan chucengti polie zengtou de re-qi-ye-gu ouhe lilun ji channeng moxing yanjiu

著　　者　尚晓吉　王建国　张志镇

责任编辑　杨　洋

出版发行　中国矿业大学出版社有限责任公司
　　　　　（江苏省徐州市解放南路　邮编 221008）

营销热线　(0516)83884103　83885105

出版服务　(0516)83995789　83884920

网　　址　http://www.cumtp.com　**E-mail**:cumtpvip@cumtp.com

印　　刷　徐州中矿大印发科技有限公司

开　　本　787 mm×1092 mm　1/16　**印张** 8　**字数** 205 千字

版次印次　2022 年 9 月第 1 版　2022 年 9 月第 1 次印刷

定　　价　48.00 元

（图书出现印装质量问题，本社负责调换）

前 言

绿色低碳经济发展战略需要更清洁的能源,非常规天然气开采是很好的替代选择。中国经济多年的高速发展主要靠化石能源驱动,这大幅增大了环境压力,也促进了天然气资源需求量大幅增加。目前天然气资源的开发和利用受到前所未有的关注,尤其是页岩气,其具有分布范围广、资源量大、稳产周期长等特点,成为世界天然气能源开采的热点。我国页岩气资源储量和可开采量居世界前列,但是页岩气藏储层条件复杂、恶劣,导致页岩气采收率低和抽采寿命短,因此迫切需要体积压裂改造。体积压裂改造能提高页岩气藏采收率和延长抽采寿命,但改造后产能预测仍是世界难题。页岩储层水力压裂改造可产生大范围的复杂缝网,但基质孔隙中气体仍难以采出,储层热处理可促使基质内次生裂隙发育,形成多尺度气-水渗流通道,增强气体热解吸与传输能力,提高页岩气开采寿命内产能。因此,储层热处理增产是一个多物理场和多相耦合作用的过程,具有重要的科学意义和工程意义。

本书系统地总结了高低温作用下页岩矿物组分与孔裂隙结构特征及气水渗流规律,综合运用试验测试、理论分析与数值模拟等科学方法,深入进行了非均质页岩储层体破裂增透过程的热-气-液-固耦合理论及产能模型研究。首先,从裂隙和基质的不同变形规律入手,将岩储层分为"软"的部分(裂隙)和"硬"的部分(基质),并基于自然应变和工程应变的胡克定律,提出了一种考虑裂隙岩体不均匀变形和热破裂过程的三参数渗透率演化模型,根据矿物组分与孔裂隙结构特征随温度变化规律,分析了多种试验数据的内在规律并分类,从本质上揭示了温度影响下渗透率演化的微观机理。其次,考虑页岩气在水中的溶解度,建立了一种新型的页岩气-水两相渗流模型,并在未忽略两相流耦合模型非线性项的基础上求得了气水压力与产量的迭代解析解;再次,分析温度影响与渗流路径迂曲性,建立了页岩分数阶热传导与分数阶热-气-水流动耦合模型,并应用分数阶行波法与变分迭代法得到流体温度和气水产量的解析解。最后,通过构建页岩气开采的热-气-液-固多物理场耦合数值模型,研究了非均质页岩储层应力场、温度场与渗流场之间耦合作用机制,分析了注热温度对储层热处理过程中气体产量的影响,评估了储层热处理对于页岩气增产和延长开采周期的有效性。研究发现:岩石中"软"的部分对渗透率演化具有重要意义,"软"的部分体积比例越高,温度变化过程中渗透率演化越剧烈。页岩气溶解度取值越大,对页岩气产能预测影响越大,页岩气生产速率下降越快,在生产后期产气速率更低。而分数阶维数取值越高,气体产量下降越快,生产后期的产气速率越低。相比于常规开采,储层热处理改变了页岩温度分布,进而对页岩储层与页岩气-水两相渗流产生热刺激,导致毛细压力升高与游离气含量增加,在生产周期的前半段可显著提高页岩气产量。

在撰写本书过程中得到了许多专家的大力支持,在此一并感谢。本书参考和引用了大量文献资料，在此向这些文献的作者致以谢意。

感谢国家自然科学基金项目(51674246)、国家重点研发计划项目(2020YFA0711800)、江苏省自然科学基金项目(BK20220322)和中国博士后科学基金面上项目(2020M681772)的资助。

由于时间仓促，且作者水平有限，书中难免有不当之处，恳请读者批评指正。

作　者

2022 年 04 月

变量注释表

σ_{mp}	平均有效应力/MPa
σ_{d}	偏有效应力/MPa
p_{eff}	有效围压/MPa
p_{con}	围压/MPa
p_{p}	孔隙压力/MPa
σ_{mT}	温度变化产生的平均有效应力/MPa
E	岩石的弹性模量/MPa
α_{T}	热膨胀系数
T	温度/℃
ΔT	温度变化量/℃
V	裂隙岩石的总体积/m^3
V_{s}	裂隙岩石“软”的部分体积/m^3
V_{h}	裂隙岩石“硬”的部分体积/m^3
K_{s}	体积弹性模量/MPa
$\varepsilon_{V,s}$	“软”的部分的体积应变
d	微分算子
$V_{0,s}$	初始状态下裂隙岩石“软”的部分体积/m^3
$\Delta\sigma_{m}$	平均有效应力增量/MPa
σ_{m}	当前状态下的有效应力/MPa
$\sigma_{0,m}$	初始状态下的有效应力/MPa
K_{h}	“硬”的部分的体积弹性模量/MPa
$\varepsilon_{V,h}$	当前状态下的体积应变
$V_{0,h}$	初始状态裂隙岩石“硬”的部分的体积/m^3
k_{f}	裂隙岩石当前状态的渗透率/mD
$k_{0,f}$	裂隙岩石初始状态的渗透率/mD
b	裂隙岩石当前状态的裂隙开度/m
b_{0}	裂隙岩石初始状态的裂隙开度/m
b_{h}	“硬”的部分有效开度贡献
b_{s}	“软”的部分有效开度贡献

续表

s	裂隙岩石当前状态的裂隙间距/m
s_0	裂隙岩石初始状态的裂隙间距/m
s_0/s	裂隙间距比
γ_s	裂隙“软”的部分裂隙开度的比例
γ_h	裂隙“硬”的部分裂隙开度的比例
$f(b)$	裂隙开度的概率密度函数
λ_1	裂隙开度的期望
$N_{b\geqslant b_c}$	有效裂隙数量
$N_{b<b_c}$	开度小于临界开度 b_c 的裂隙数量
N_{eff}	当前状态的有效裂隙的总数量
N	外荷载、温度变化等引起的裂隙总数量
N_0	初始状态下有效裂隙的数量
β_1	反映平均裂隙开度随温度变化量 ΔT 变化的材料参数
β_2	描述平均有效应力增量 $\Delta\sigma_m$ 与平均裂隙开度变化的常数
β	临界裂隙开度相关参数
η	外荷载对裂隙数量变化影响的损伤变量
K_C	压实作用引起的裂隙渗透率变化
K_F	新裂隙产生引起的渗透率变化
p	流体的压力/MPa
p_c	毛细压力/MPa
p_e	毛细进入压力/MPa
s_w^*	归一化的水相饱和度
s_w	水相的饱和度
s_g	气相的饱和度
s_{rw}	水相的参与饱和度
s_{rg}	气相的参与饱和度
λ_1	孔径分布维数
φ	孔隙度
R_{sw}	气体在水中的溶解度
ρ_g	地层条件下气体的密度/(kg/m^3)
ρ_w	地层条件下水的密度/(kg/m^3)
v_f	流体的达西速度/(m/s)
v_g	气体的速度/(m/s)
v_w	水的速度/(m/s)
q_g	气体的源
q_w	水的源
Q_s	流体的源

续表

M	气体的摩尔质量/(g/mol)
Z	气体压缩因子
R	理想气体常数/[J/(mol・K)]
k	绝对渗透率/m^2
k_{rg}	气相的相对渗透率
k_{rw}	水相的相对渗透率
μ_g	气相的黏度/(Pa・s)
μ_w	水相的黏度/(Pa・s)
p_g	气相的孔隙压力/MPa
p_w	水相的孔隙压力/MPa
g	重力加速度/(m/s^2)
H	重力水头/m
c	行波的波速/(m/s)
$L_\xi()$	ξ的线性算子
$N()$	u的非线性算子
γ	变分理论定义下的拉格朗日算子
$\partial^\alpha()/\partial x^\alpha$	α分数阶的空间导数
t	时间/s
m	流体的质量/kg
ρ	流体的密度/(kg/m^3)
c_{eq}	比热容/[J/(kg・℃)]
$c_{eq,g}$	气体的比热容/[J/(kg・℃)]
$c_{eq,w}$	水的比热容/[J/(kg・℃)]
K_{eq}	流体的有效热传导系数/[W/(m・K)]
$K_{eq,g}$	气体的有效热传导系数/[W/(m・K)]
$K_{eq,w}$	水的有效热传导系数/[W/(m・K)]
K_f	流体的体积模量/MPa
α_f	流体的热膨胀系数/[W/(m・K)]
α_g	气体的热膨胀系数/[W/(m・K)]
α_w	水的热膨胀系数/[W/(m・K)]
Q_T	热源
q_0	注入流体速度/(m/s)
T_g	气体的温度/℃
T_w	水的温度/℃
S	煤层气储存系数
σ_{ij}	总应力张量/MPa
f_i	体积力张量/MPa

续表

α_B	比奥特系数
c_m	孔隙的压缩系数
c_b	页岩骨架的压缩系数
δ_{ij}	克罗内克函数
ε_{ij}	应变张量
u_i	单元体位移
u_j	单元体位移
E	拉压弹性模量/MPa
G	剪切弹性模量/MPa
v	泊松比
e	体积应变
K_b	孔隙介质体积模量/MPa

目　　录

1 绪 论

1.1 研究背景及意义

我国能源资源的特点为富煤、缺油、少气。与传统能源的煤炭和石油相比，天然气清洁绿色、热值高、使用安全、价格低廉，是清洁能源的重要组成部分。天然气几乎不含硫、粉尘和其他有害物质，燃烧时产生的二氧化碳少于其他化石燃料，能有效减少二氧化碳、二氧化硫和粉尘等排放量，舒缓地球温室效应，改善环境质量[1]。随着能源供求日益紧张，天然气资源需求量不断增大，非常规天然气资源作为常规天然气资源的重要补充，对其勘探开采已呈蓬勃发展之势。

页岩气作为最具开发潜力的非常规天然气资源之一，是一种赋存于富有机质泥页岩及其夹层中，以吸附或游离状态为主的储集于岩系中的天然气资源[2-3]。页岩气藏具有开采寿命长、分布范围广、资源潜力大、烃类运移距离短及含气面积大等特点[4]，而且具有高效清洁等优势，因此世界各国均重视加强对页岩气的勘探开采[5]。页岩气的大规模商业化开采将影响未来国际能源格局，甚至会影响全球经济、地缘政治乃至军事格局[6-7]。我国存在油气对外依赖度高，超过国际石油安全警戒线的现实问题。据美国能源信息情报署(EIA)统计[8-9]：我国页岩气的总储量为144万亿立方米，占世界总储量的20%；其中我国页岩气技术可采储量为36.1万亿立方米，约占全球技术可采储量的22%，两者均排名全球第一[5,10]，因此，发展页岩气开采理论与技术，关系我国能源的安全保障。

我国高度重视页岩气产业，已将页岩气的开采和利用摆到国家能源发展的战略位置。2011年12月，国务院批准页岩气成为我国第172个独立矿种[11]，同年，中国第一口页岩气资源战略调查井——渝页1井在重庆市彭水县莲湖乡成功实施。接着国家发展和改革委员会与国土资源部等部门于2012年3月联合发布了《页岩气发展规划(2011—2015年)》(下称“国家规划”)，国家规划中提出了“十二五”期间我国页岩气的发展目标、重点任务和实施保障措施，并展望到2020年。至今，相关部门已相继组织开展了全国页岩气资源潜力评估、有利区带优选等工作。我国北方地区以陆相页岩为主[12]，南方地区以海相页岩为主，目前四川盆地东部、鄂尔多斯盆地中南部已获得页岩气工业气流。我国各主要页岩气产区的年产能预计超过70亿立方米。此外，江西省赣西北上震旦统[13]、纽芬兰统、萍乐坳陷乐平统、上三叠统页岩气地质资源潜力约为1.2万亿立方米，可采资源潜力约为0.3万亿立方米，进入实质性勘探阶段。

尽管拥有如此巨大的页岩气储量，我国页岩气勘探开采却多处于“气多采不出”的状态，且难以直接采用美国、加拿大等国的成熟有效勘探开采技术。更多文献资料[14-16]揭示：我国页岩气成藏类型和组成复杂，热演化程度高，埋藏深，孔隙结构低孔/低渗，多为纳米级，页岩气高效开采的关键是需经过压裂改造增透形成复杂的裂缝网络系统[7,10,17]。现今我国对页岩储层进行的主要人工增透技术有：(1) 水力压裂技术；(2) 注热刺激原位开采技术；(3) 液氮压裂技术。如图 1-1 所示，储层热处理技术协同水力压裂技术可使页岩储层形成一个非均质、含裂隙、多尺度并存的多物理场耦合的复杂页岩气藏系统[15]。

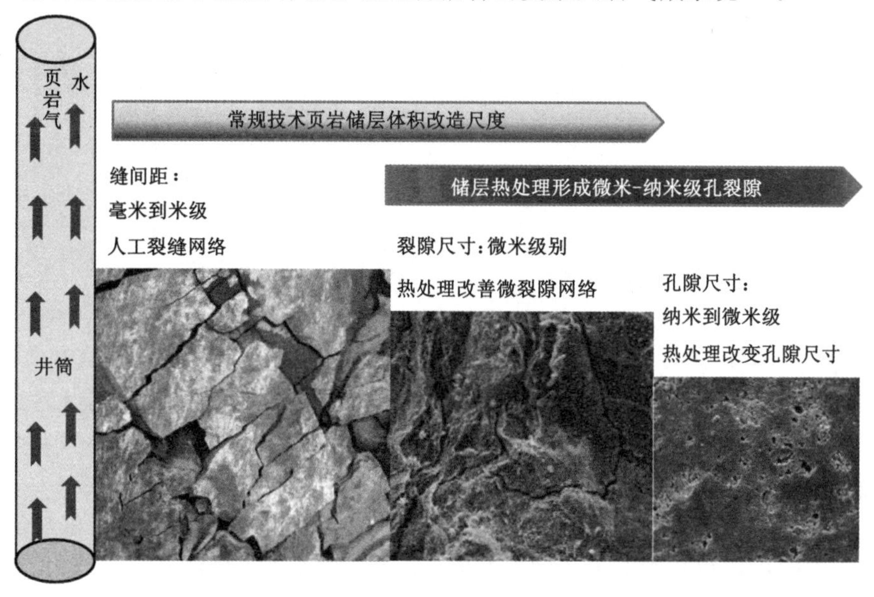

图 1-1　页岩储层热处理改造尺度(据文献[15]改)

在此多物理场耦合复杂页岩气藏系统中，地下水与页岩气耦合作用形成的气-水两相渗流场、页岩储层热处理所带来的温度场、开采扰动所带来的应力场等不断演化，形成复杂的多物理场耦合作用过程。基于此，本书围绕页岩气注热增产过程中的裂隙与气-水渗流场的联动演化问题，开展了非均质页岩储层体破裂增透的热-气-液-固耦合理论及产能模型研究，探索了热刺激作用下的页岩致裂机理和气-水耦合渗流机制，为页岩气的高效开采提供理论基础，具有非常重要的理论意义和应用价值。

1.2　国内外研究现状及不足之处

1.2.1　页岩孔隙结构与渗流特征研究

页岩在自然界中分布广泛，占沉积岩约 60%以上。常见的页岩类型有泥页岩、油页岩、碳质页岩、硅质页岩、砂质页岩等[15]。页岩中的碎屑矿物主要包括石英、长石、方解石等；黏土矿物包括高岭石、蒙脱石、伊利石、水云母等；另外还包括一定含量的黄铁矿。黏土矿物和石英是页岩基质的主要成分，而不同埋深和地点的页岩矿物组成有明显的差异，这些矿物成分的不同是不同页岩差异明显的主要因素，其中石英含量的多少对页岩脆性程度的影响很大，是影响页岩储层裂隙发育的主要因素。众多学者研究发现[18-23]：在相同的外界加载条件下,储层的岩性以及岩石的矿物成分是控制裂隙发育程度的主要因素;页岩的脆性会显著影响井壁的稳定性,是评价储层力学特性的关键指标,同时还对体积压裂的效果产生显著影响,即页岩的脆性越好,造缝能力就越强,越易形成复杂的裂隙网络,改造效果越理想,越能实现页岩气井的增产。

泥页岩由于其复杂的沉积作用和成岩作用,发育了大量的微纳米级孔隙,孔隙的连通性导致泥页岩具有低有效孔隙度、极低渗透率以及非均质性强等特点[24-25]。目前,无论是对于泥页岩储层的评价还是对于泥页岩微观结构的认识都是不够清晰完善的。而泥页岩中的孔隙微观结构作为储层研究的核心内容[26-27],直接影响储层中页岩气的储集能力与渗流能力,同步间接影响页岩油气井的产能与采收率,因此需要对泥页岩的微观孔隙结构进行更加深入的认识。研究发现:有机质和富黏土泥岩中富含纳米级孔隙[28-29]。R. M. Reed 等[28]发现泥页岩中有机质的孔隙度高达 25%,其中有机质孔隙的孔径分布于 5～1 000 nm 之间,有机质孔隙中的气体渗透率明显高于非有机质孔隙中的气体渗透率。R. M. Bustin 等[29]认为大多数页岩都具有双峰孔径分布,大部分孔隙的孔径小于 10 nm,小部分的孔径分布在 10～1 000 nm 之间。F. P. Wang 等[19]利用高分辨率扫描电镜(SEM)对泥页岩进行观察,认为泥页岩储层孔隙尺寸远小于常规储层并且孔隙类型复杂多样,具有有机质孔隙、无机基质孔隙、天然裂隙和人工裂隙。C. Sisk 等[30]采用 3D 可视化技术对泥页岩的孔隙结构和孔隙填充物进行了观察,按照孔隙的几何形状将泥页岩孔隙分为 4 类。聂海宽等[31]按照裂隙发育规模将裂隙分成 5 类。张烈辉等[32]将泥页岩储集空间分为裂隙和基质孔隙两大类。

柳占立等[33]指出:随着我国对深部(大于 3 500 m)页岩气开采的需求量增大,通过建立高精度的宏细观力学测试新方法来研究复杂应力条件下的页岩宏细观变形破坏机理和强度特性,是揭示页岩强度与脆性开裂特性的必要途径。在页岩力学特性的研究成果中,J. E. Johnston[34]于 1995 年使用 X 射线衍射(X Ray Diffraction,XRD)和背散射电镜扫描(Electron Microprobe Backscatter,BSE)图像分析了页岩矿物成分及其内在结构特征。H. Niandou等[35]于 1997 年对不同层理倾角的图内米尔页岩进行了室内力学试验研究,不仅研究了页岩的常规三轴压缩力学特性,还对其进行了循环加卸载试验。澳大利亚 CSIRO 的 D. Dewhurst 等[36]和 U. Kuila 等[37]针对页岩的物理、地质力学以及岩石力学特性进行了深入研究。M. Josh 等[38]运用高分辨率 CT 扫描系统等先进手段研究了页岩的物理力学特性。H. Kim 等[39]研究了页岩的弹性模量、纵波波速以及热传导性等物理参数,分别用这 3 个参数来表征页岩的各向异性程度。B. Mahanta 等[40]研究了应变速率对页岩裂隙粗糙度和能量释放率的影响。综上所述,页岩气藏随地质历史和地域环境变化而变化。我国新发现江西赣北地区页岩气藏,但还没有该地区岩样的孔隙结构与渗流特征的试验资料。本试验研究以庐山页岩作为研究对象,研究其在温度-力耦合作用下的开裂和渗透行为,为掌握该地区页岩气的赋存特征以及运移规律提供基础数据。

1.2.2 页岩热破裂与渗透率演化模型研究

自从 Z. T. Bieniawski[41]对岩石脆性破裂机制进行了系统论述以后,许多岩石力学和地球物理科研工作者做了大量的试验和理论研究工作,试图揭示微观到宏观的破裂发展过程[42-53]。因此,该方面的研究趋势逐渐发展为从宏观到微观、从定性描述到试图得出一些半定量的结果。其中在岩石热开裂研究中发现:当温度改变时岩石内部会产生热应力,在热应力的作用下页岩内的微裂隙会不断扩展演化形成新的裂隙网络，出现开裂现象(图 1-2)，进而导致岩石的变形和强度特性发生变化[52]，并影响岩石中的流体输运特性。李维特等[54]在热应力理论中将热应力分为三类：(1) 外部变形所产生的应力；(2) 外部变形与内部变形相互约束产生的应力；(3) 内部各部分之间变形产生的应力。在这些热应力作用下，当温度变化超过某一阈值时，就会在岩石内部萌生一个微裂隙网络。根据温度梯度的不同，温度裂隙可以发生在结晶颗粒之间(沿晶破裂)或颗粒内部(穿晶破裂)。而页岩受热膨胀后其内部应力和应变场发生变化，体积膨胀变形受到外部约束和体内各部分之间的相互约束，不能自由发生，产生第二类和第三类热应力，从而引起页岩内部形变，改变页岩气渗流通道。

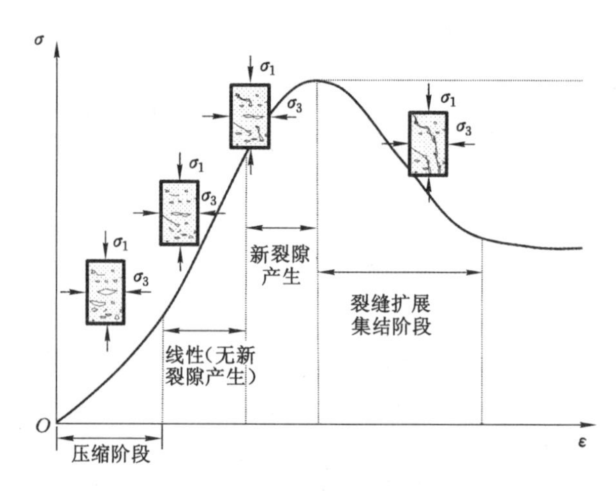

图 1-2　岩石破裂的演化过程

国内外对页岩热开裂的研究仍处于起步阶段，大部分成果和认识是在试验研究的基础上获得的，理论研究开展相对较少。国外学者在这方面起步较早，开展了大量的研究工作。P. Horsrud 等[55]在对大西洋北海页岩的研究中分析了应力、温度以及孔隙分布对页岩力学特性和渗透特性的影响。P. Tiwari 等[56]利用 CT 扫描对美国绿河油页岩样热解前、后的内部孔隙空间发育及孔隙网络的形成进行了研究，得出了在温度作用下油页岩内部会形成大量孔隙空间的结论。M. Masri 等[57]在 2014 年通过对图内米尔页岩进行了室内力学试验研究，讨论了温度对页岩特性的影响。另外，E. Eseme 等[58]证实了页岩裂隙的渗透率在热解产生的油气的驱动与输运过程中起主导作用。

国内对页岩热开裂过程的研究较晚，较早的关于页岩力学特性的研究对象是油页岩。太原理工大学的康志勤等[59]和杨栋等[60]均以油页岩为对象，采用 CT 扫描系统观测了油页岩在常温到高温条件下的热破裂过程，对不同高温下内部裂隙的扩展发育规律进行了分析。孟陆波等[61]进行了高温条件下的页岩常规三轴试验，分析了高温下围压对页岩力学特性的影响，这是国内较早的有关页岩高温性质的研究文献。于永军等[62]对抚顺油页岩进行了不同层理方向的热传导与热膨胀率的测试，发现垂直层理是热膨胀的优势方向，而水平层理是热传导的优势方向；随着温度升高，热膨胀系数呈非线性变化，而导热系数呈线性降低。一些学者针对油页岩的热力学性能开展了系统研究。赵静[63]利用试验分析系统对大庆和延安两个产地的油页岩在不同温度下岩石内部结构变化过程进行观察和分析，得出了油页岩内部结构变化的规律。油页岩内部结构发生明显的变化均发生在 200 ℃以后，温度对油页岩内部结构的影响主要来源于两个方面:一方面是由于矿物颗粒热膨胀的非均匀性引起颗粒间变形不协调;另一方面是油页岩热解产物释放过程产生的影响。周昱坤等[64]曾对温度作用下的延安油页岩内部结构展开研究。他利用显微 CT 试验机观察了油页岩在不同温度热解后内部结构的变化。其研究结果表明:延安油页岩在 100 ℃以下内部微观结构变化不大,温度升高至 200 ℃以上时大量裂隙开始形成。由于集中应力大多数分布在不同晶体结构的交界处,新产生的次生裂隙几乎平行于原生裂隙,所以温度为 200～600 ℃时裂隙会发生贯通作用,但是几乎再无新裂隙产生。

煤层气、页岩气、地热资源等非常规地质资源开采的关键是如何提高低渗岩层的渗透率[66-67]。岩石在初始状态有大量的孔隙和微裂隙,因此被称为裂隙岩石。这些孔隙和微裂隙在有效应力、温度或两者同时变化的情况下对裂隙岩石渗透率演化机制的影响尚不清楚。M. D. Zoback 等[68]研究了微裂隙对花岗岩渗透性的影响,发现微裂隙的破裂可以显著提高花岗岩的渗透性,但孤立裂隙的贡献很小。B. G. Chae 等[69]对韩国花岗岩进行单轴压缩试验(UCT)和注水试验,发现损伤较强的试样存在较多的持续性裂隙,连通性较好,因此具有更高的渗透性。J. R. Liu 等[70]利用扫描电子显微镜(SEM)观察了取自含油地层的粉砂岩、石灰岩和砾岩样品的微观结构。他们观察到裂隙宽度和长度的增大,在阈值温度以上形成了一个发育良好的裂隙网络,导致渗透率急剧变化。因此,岩石中新裂隙的产生和贯通是提高渗透率的主要因素。

储层岩石的热破裂会引起渗透率的显著变化[71-73]。专家们通过多物理场耦合试验研究了裂隙岩石在热刺激下的开裂过程[74-75],发现在某些临界温度或高于临界温度的条件下岩石会发生热破裂。例如,煤的热开裂与两个临界温度(100 ℃和 470 ℃)有关[76-77]。而在临界温度下,煤在热解过程中内部结构发生了显著变化。此外,如图 1-3 所示,高温处理后花岗岩样品内部发生微裂隙的萌生、扩展和聚结的过程,并最终形成宏观裂隙[78-79]。S. X. Liu等[80]利用 X 射线微观观察长马克西组页岩微裂隙的聚结和宏观裂隙的形成。M. S. Cha等[81]在页岩中注入液氮后进行了低温压裂试验。以上这些试验研究都集中在温度变化对岩石开裂的影响方面。这些试验的研究结果表明:温度变化会引起微裂隙密度的变化。然而,热开裂过程与渗透率演化之间的关系尚未得到有效研究。

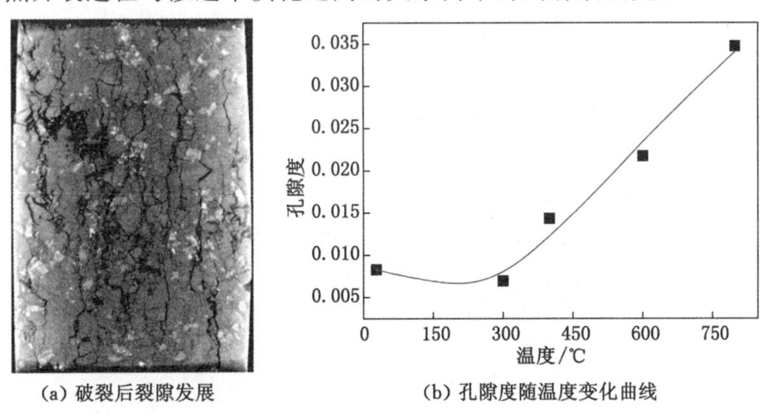

(a) 破裂后裂隙发展　　(b) 孔隙度随温度变化曲线

图 1-3　单轴压缩条件下高温处理后裂隙发展和孔隙度变化曲线[75,78]

在理论建模方面,一直以来,学者们普遍采用火柴盒模型来描述裂隙岩石的渗透率[82-88]。火柴盒模型有两个重要的概念:裂隙间距和裂隙开度。裂隙间距可等效于岩石的裂隙密度,而裂隙开度是指裂隙本身的宽度。经典的火柴盒模型假设裂隙间距恒定,因此经典的火柴盒模型不能模拟新裂隙产生所带来的渗透率变化。而裂隙岩石是一种典型的由裂隙和基质组成的非均质孔隙介质。它可分为基质("硬"的部分)和裂隙("软"的部分)[89-90]。"软"的部分通常会产生较大的变形,其体积应变可用自然应变描述[91]。"硬"的部分一般变形较小,其体积应变可用工程应变描述[92],即岩石的体积变化量与不受力状态或初始状态下体积之比。利用这种"软"、"硬"的概念,J. T. Zheng 等[93]提出了一个指数渗透率模型来分析页岩气的产量,然而该模型并未清晰指出压裂过程中裂隙与基质之间的相互作用。

学者们还曾建立一些其他渗透率模型来描述岩石变形过程中的渗透率演化[94-95]。例如,D. Chen 等[96]在其渗透率模型中引入了修正的 logistic 增长函数来描述整个过程中的渗透率演化。该模型将有效偏应力视为产生新裂隙的主要因素,并且假设裂隙的压缩系数恒定,这与试验观察结果不一致。此外,该模型没有考虑温度变化对新裂隙产生的影响。R. S. I. Fertig等[97]在研究陶瓷的开裂过程时,将热致裂引入微裂隙密度的演化中。通过引入正态分布概率密度函数,研究了多孔陶瓷的裂隙演化过程。这表明裂隙的形成和演化可以通过裂隙密度或裂隙间距的变化来描述。然而现有的渗透率模型很少能够描述基质中新裂隙的生成和整个变形过程中的渗透率演化机制。因此,有必要对裂隙在温度和应力共同作用下的变化规律进行深入研究。

1.2.3 页岩储层中气-水两相流动模型研究

众所周知,页岩气藏的主导孔隙是纳米级孔,渗透率极低。水力压裂技术使低渗透页岩气藏的开采成为可能。如图 1-4 所示,水力压裂后,页岩气藏中含有注入压裂液、初始水和气体等几种流体[98]。页岩气开采过程中的一个必要措施是降压[99]。同煤层气的产出过程类似,页岩气开采过程中的流动通常历经三个阶段:单相水流阶段、非饱和气泡流阶段和气-水两相流阶段[87]。后两个阶段气和水同时进入井筒。这些阶段的两相流对产气寿命具有重要影响[100]。因此在预测页岩气产量时,应认真研究两相流动的耦合机理和输运行为。

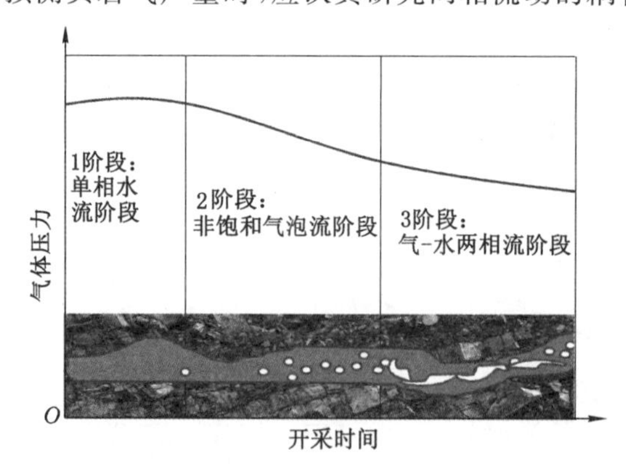

图 1-4 页岩气产出过程

为了描述岩石多孔介质中两相流动的复杂耦合过程,学者们提出了许多数值模型。例如,M. Nobakht 等[101]开发了一个模拟解吸压力以上的水的单相流和解吸压力以下的气-水两相流模型。J. G. Wang 等[102]提出了一个完全耦合的数学模型来描述两相流、变形和二氧化碳(CO_2)吸附对盖层密封效率的综合影响,以评价 CO_2 地质储存的安全性。H. M. Wang 等[103]开发了具有多尺度扩散机制的反排和长期生产阶段的两相流数值模型。上述数值模型均能较有效地分析两相流过程。然而,还有两个问题需要解决:① 模型中应考虑气体在水中的溶解度。一些试验发现水中的有机物、高温和高压会导致甲烷在水中的溶解度增大[104-106]。这种气体溶解度对产气速率的影响尚未得到有效的研究。② 高度非线性两相流模型的求解。如果能求得气-水两相压力和产能的解析解,可以直观、方便地预测现场生产数据。然而至今未求得考虑两相流非线性耦合作用的水和气压力的解析解。

油气藏中的单相流动产能问题已有相当多的解析解[101,107-109]。例如,对于稳定产气速率生产,M. Nobakht 等[101]使用了一个解析法分析线性流数据,得到了时间的平方根与生产速度之间的线性关系式。事实上,此类油气藏的生产数据不能通过假设一个线性流或单相流来准确分析,因为这种假设大大简化了现场生产过程中的气-水两相流的耦合作用。也有一些学者将受气-水两相流动影响而改变的物理参数引入单相流动的控制方程,用于模拟两相流动的真实情况[110-111]。例如,H. Behmanesh 等[111]将两相黏度和两相可压缩性引入单相流动,建立了凝析气藏速度-瞬态分析的半解析解。然而,他们并没有直接求解两相流控制方程。

一些两相流问题也通过对模型公式简化得到了解析解。例如,S. R. Wang 等[112]通过对数学模型的简化,得到了计算一种两相流的半解析解。为了估算驱替液的残余饱和度,M. Adibifard[113]提出了毛细管内的两相流动模型,并通过将总压降分解为泊肃叶项和杨氏拉普拉斯项,得到了解析解。R. Yang 等[114]研究了多裂隙网络对产气率的影响,提出了具有复杂裂隙网络的返排时期两相流问题的半解析解,发现提高裂隙网络的复杂性有利于提高天然气产量。为了便于计算,上述两相流模型的解析解都是在忽略非线性项或对非线性项线性化后得到的。实际上,控制方程中的非线性项反映了气、水之间复杂的耦合作用。因此,忽略非线性项可能会在现场产气预测时产生一定的误差。

在渗流模型的求解过程中,变分迭代法是一种求解非线性流动问题的有效方法。其中,J. H. He[115]成功地用变分迭代法求解了渗流的达芬方程和分数阶偏微分方程。K. Ayub 等[116]将所建立的微分方程通过采用适当的无量纲参数转化为无量纲形式后,用变分迭代法求解了两个平行板之间的非牛顿三级流体流动问题。但是上述问题均为单相流体流动问题,迄今未见应用这种变分迭代法求解多孔介质中的两相流动问题。

1.2.4 岩石储层中热-气-水多场耦合模型研究

关于温度与两相流耦合机制的研究涉及煤层气注热开采、页岩气注热开采、地热开采等多种能源开采工程。其中,一部分注热增产是通过注入热水[117-118]和热气[119-120]来实现的,不失为一种提高煤层气和页岩气采收率的有益的辅助开采技术。H. Y. Wang 等[121]和 A. Salmachi等[117]分别证实注热开采比常规生产的产量提高了 58%和 12%。

在上述多种不同能源的开采过程中存在着相同的多场耦合作用,即岩石储层内部温度场、渗流场和裂隙结构并存,形成热与气-水两相流体之间的复杂耦合作用。专家们通过理论分析和数值模拟研究了这些耦合作用。这些研究的重点是建立考虑曲折渗流路径的热传导和两相流耦合的数学模型[122]。其中,两相流模型[102,114]、热-流耦合模型[87]、热-流-固耦合模型[123-125]、热-两相流-固耦合模型都已经有学者提出。例如,T. Teng 等[125]提出了一个热-流-固(THM)全耦合模型来描述地质力学效应、煤层气流动与能量传输之间复杂的耦合作用，并应用 THM 模型定量预测了热刺激条件下煤层气采收率的传热传质特性，但是该模型只考虑了单相流。S. Li 等[126]考虑了温度和地下水的影响，建立了煤层气开采的热-两相流-固全耦合模型。然而，这些模型并没有很好地考虑岩石实际地层结构中的非均质孔隙和曲折裂隙，也没有得到上述热-流-固模型产气量的解析解。在实际生产过程中，岩石多孔介质中的气-水两相流体的流动与热传导的路径通常是非线性、迂曲和复杂的。因此，多孔岩石基质中的气-水两相流动过程是不规则流动而非正常的达西流动[127]。同时，热传导和热对流的路径也是不规则的。这些非线性的传质传热对实际工程中气体或热量采收率的影响尚不清楚。

局部分数阶导数理论是用于模拟分析岩石储层实际条件下热传导和气-水两相流动的良好选择。该理论将经典微分方程中的整数阶导数替换为分数阶导数，已成功应用于解决一些流体力学问题[127-128]。局部分数阶行波法和局部变分迭代法的引入成功地求解了这些局部分数阶数学模型。在热传导方面，X. J. Yang 等[129]采用局部变分迭代法求解了局部分式热传导方程。尽管在地热系统[130]的换热过程中对流是不可忽略的，但是在该模型中热对流过程并未被考虑。此外，岩石多孔介质中热传导与气-水两相流动之间的耦合问题还没有得到有效研究，并且热-流耦合模型在提高煤层气采收率方面尚缺乏解析解。

1.2.5 页岩气注热增产机理研究

传统页岩气藏开发一般通过水力压裂[131]提供页岩气的渗流通道，从而提高页岩储层渗透率。在水力压裂过程中，页岩储层有效应力场的改变往往使岩体产生变形或者新裂隙，进而改变裂隙系统的密度和裂隙的空间分布等，从而影响页岩储层的渗透性和孔隙力学性质。虽然水力压裂对提高页岩储层的渗透率有一定的促进作用，但还是具有一定的适应性和局限性。例如页岩储层中的黏土矿物和有机质极易遇水膨胀，压裂形成的“体积改造”效果差，水力化措施常导致水进入岩储层后不易排出，产生“水锁”效应，使页岩储层渗透率改变不明显。

为提高页岩气储层渗透率和油气采出速率，许多科研单位和公司开展了大量的页岩储层热处理改造技术研究，如电加热开采页岩油气[132-134]（图 1-5）、注蒸汽开采油页岩油气[63,134]（图 1-6、图 1-7）、微波加热开采页岩油气[135-137]（图 1-8）等技术都在快速地被推进与实施。其中，美国埃克森美孚公司（ExxonMobil）提出了一种用于原油转化的 Electrofrac 工艺[133]。该方法用导电材料作为电阻加热元件来填充裂隙以加热页岩油。油页岩中的干酪根转化为常规产生的油和气。又由于裂隙加热元件的电连续性不受干酪根转化的影响，水力裂隙中的温度甚至可以被激发到 673 K。直接加热水力裂隙的方式可通过碳氢化合物增强电磁加热，借助纳米颗粒增加页岩气和油页岩的产量[136-137]。2011 年，S. Thoram 等[138]提出了使用小规模核电厂注入高质量饱和蒸汽，将 SRV 区域加热至指定温度。在此温度下干酪根可以分解为油气。此外，在低温热处理方面，埃克森美孚公司在科罗拉多州西北部的殖民地矿场进行了长达数月的低温场试验[133]。试验获得了包括温度、电压、电流和岩石变形在内的数据，并由 N. Hoda 等[139]建立了数值模型来分析和解释这些数据。上述探索都为非常规资源的热处理应用提供了广阔的前景。

相对应，许多学者针对非常规资源注热增产技术进行了数值模拟研究[138,140-143]。2014 年，H. Y. Wang 等[140]提出了一个数值模型，以调查裂隙加热对页岩气采收率的影响，研究

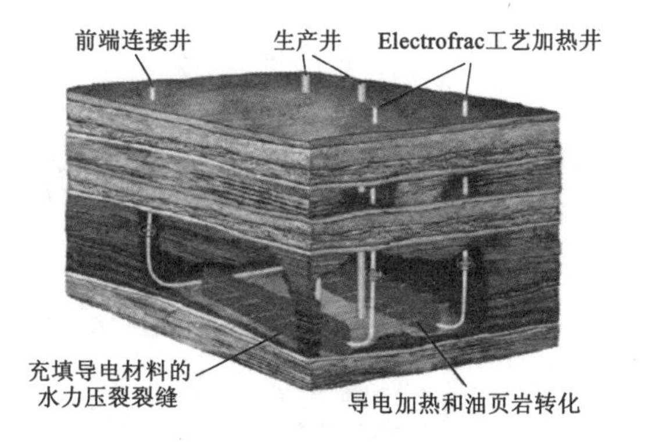

图 1-5 埃克森美孚公司的 Electrofrac 工艺示意图[133]

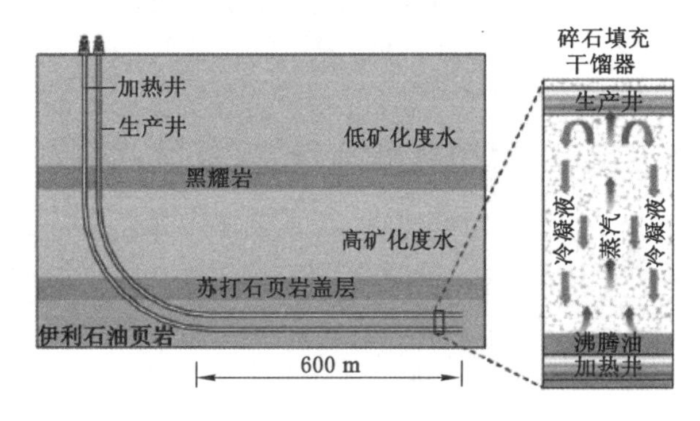

图 1-6 美国页岩油公司研制的 CCR 技术示意图[134]

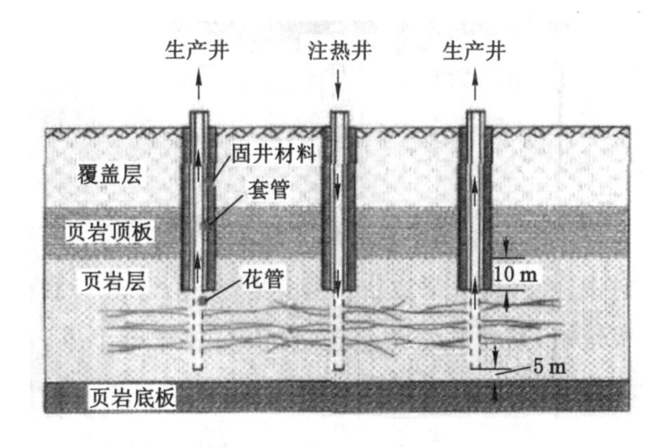

图 1-7 太原理工大学研制的对流加热技术图[63]

结果表明:通过提高水力裂隙的温度,页岩气采收率得到提高。2016 年,G. P. Zhu 等[141]通过一个全耦合模型数值分析了热处理在页岩气开采过程中的应用及效果,认为该方法对于页岩气长期高效开采有着显著的作用,同时分析了相关参数对热处理效果的影响。2019 年,刘嘉[144]以模拟微波加热为背景建立了热-流-固耦合的数值模型,揭示了气体热解吸与热开裂过程对基质孔隙度演化的影响机制,并且评估了微波加热对页岩气采收的效率。但是上述模型忽略了页岩储层中分布的天然裂隙和次生裂隙等复杂的非线性裂隙网络和裂隙网络中气-水两相耦合流动机制[142]。

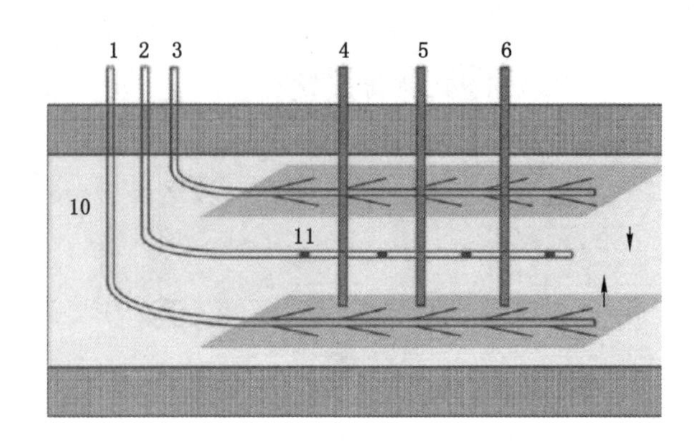

1-3—组合加热井;4-9—生产井;10—埋藏有页岩等的矿层;11—微波加热过程中安置的微波发生器。

图 1-8 微波加热原位开采技术井网剖面图[135]

1.2.6 页岩储层应力波的传播机制研究

传统的水力压裂技术由于环境污染和水锁效应等限制造成页岩气开采仍然存在困难,于是许多新兴的页岩气开采技术处于同步研究与推动之中[145]。其中,页岩储层原位燃爆致裂技术是一项变革性与颠覆性的技术[146-147]。而燃爆致裂过程是一个复杂的动态过程[148-149]。在爆炸冲击波、应力波和爆生气体的共同作用下,页岩储层将破坏[150-151]。页岩储层发育复杂的裂隙网络,储层渗透率显著增大。首先爆轰波和爆生气体的快速膨胀导致页岩储层产生裂隙,然后次生微裂缝网络将天然裂隙连接和贯通。爆生气体的极低黏度与高渗透性导致其很容易进入岩石的微孔隙结构。超高孔隙压力作用下产生的裂缝网络致密复杂[152-153],而储层燃爆致裂具有起裂压力小和压裂范围大的特点。如上所述,在页岩内部孔隙、层理裂隙和人工裂隙的相互作用下形成高密度和高连通性的裂缝网络。

燃爆致裂过程中的爆炸瞬间,燃爆区域在高温高压作用下形成空气冲击波,并立即作用于页岩储层[153-154],页岩内冲击波的超声速传播产生强烈的冲击压缩效应。因此,燃爆区域的岩石发生粉状破碎,形成破碎区。一般认为破碎区半径为爆破孔的 2～3 倍。虽然这个破碎区范围很小,但它消耗了冲击波的大部分能量。由于有效导流裂隙生成受限,压实作用降低了页岩的渗透率。

随着燃爆过程的进行,冲击波在破碎区域界面处衰减为应力波,应力波在岩石中继续沿径向传播[155]。应力波传播过后,储层页岩受到径向压缩和切向拉伸作用。由于页岩自身抗拉强度较弱,页岩储层在拉应力作用下产生径向裂隙。随着爆轰波的不断传播,应力波衰减为地震波,而随着地震波传播,页岩储层发生弹性振动。虽然地震波不能破坏岩石,但振动能量可引起岩石基质孔隙连通与裂隙发育,并在页岩储层运动过程中干扰相邻部位,从而扩大和增强页岩储层渗透率的范围和效果。

冲击波对岩石的冲击时间短,而爆生气体的作用时间长。岩石颗粒的径向位移是由爆轰气体的膨胀力引起的,从而促进储层裂隙发育。由于爆轰点与爆轰区域自由表面在各径向方向上距离不同,粒子运动所受阻力也不同。阻力最小的方向,岩石颗粒的运动速度最大。由于相邻的岩石颗粒以不同的速度运动而产生剪切应力，一旦剪切应力大于岩石的剪切强度，岩石剪切破坏。随后，爆生气体进入裂隙，在高孔隙压力作用下，应力波形成的裂隙网络进一步扩大。燃爆致裂储层区域分为近爆区、中爆区和远爆区。近爆区为爆生气体驱动的裂缝扩展区，中爆区和远爆区为爆炸气体压力场驱动的微裂缝扩展区。

综上所述，燃爆致裂过程中裂隙扩展主要由冲击波引起的储层粉碎性破坏、燃爆应力波引发的动态裂隙扩展和爆生气体引起的准静态裂隙扩展共同决定。页岩储层改造的目的是形成更宽广的裂缝网络，而不希望产生太大范围的压实区。因此，需要尽可能降低粉碎性破坏，同时延长裂隙扩展时间和面积。

如图 1-9 所示，燃爆作用后页岩储层结构异常复杂[153]。页岩骨架中存在大量的孔隙和裂隙，也有不同尺寸与形状的页岩碎屑[154]。以往对裂隙储层中页岩气渗流的研究大多数只关注物质与能量的运移和传递，而忽略了页岩的具体内部结构，或仅用几个通用的结构参数来描述，因为页岩本身结构的复杂性很难用数学语言准确描述。

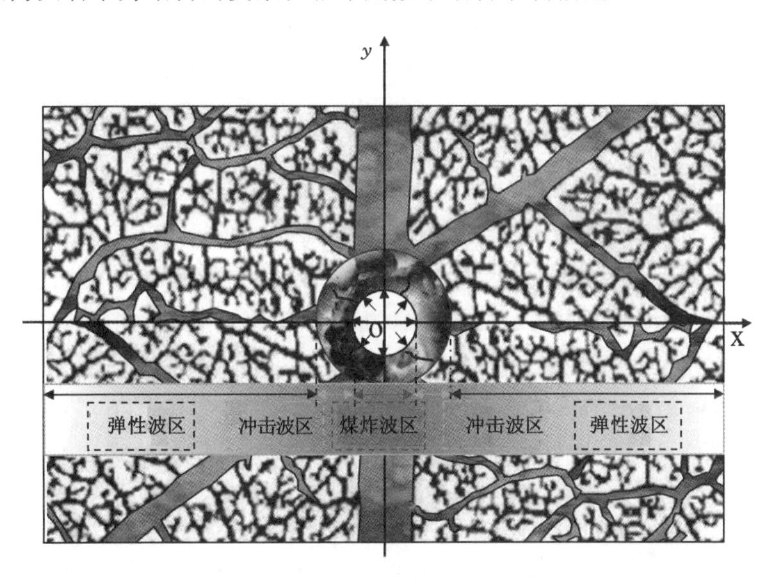

图 1-9 页岩储层燃爆致裂过程示意图

燃爆致裂页岩所产生的不规则裂隙网络中波的传播机制并不明晰。一些学者对页岩储层压裂增透进行了理论研究和数值模拟研究，但针对燃爆致裂的页岩储层中波传播机制的研究较少，且未曾建立沿真实路径的爆轰波传播衰减数学模型[156-159]。模型需要充分考虑燃爆条件下页岩储层结构中孔隙非均质性与裂隙迂曲性。分形几何可以用来描述裂隙页岩储层的精细结构，而采用局部分数阶理论描述储层精细结构已成功应用于流体力学[160]和其他领域[161]。一些基于康托尔集的简单波动方程、局部阻尼波动方程、局部分数阶耗散波动方程已被提出[157-158]。求解方面，分数阶行波变换可针对已建立的局部分数阶模型进行求解[160]。然而，由于页岩储层燃爆致裂是一种颠覆性的变革技术，目前并没有对原位燃爆致裂条件下的波传播模型和传播机制进行研究。

1.3 研究内容与创新点

1.3.1 研究内容

本书以低渗透页岩储层热处理改造为工程背景，针对非均质页岩储层体破裂增透的热-气-液-固耦合作用机理进行了深入研究，主要内容如下：

(1) 页岩渗透及孔裂隙结构特征的温度效应试验研究

对采自江西九江庐山的页岩试样，设计开展不同温度作用后页岩试样的渗透试验研究，探讨温度、压力对页岩渗透率演化的宏观影响；开展页岩矿物成分分析试验，对不同温度处理后页岩组分的改变进行定量分析；通过开展孔隙结构特征观察和孔径尺寸分布特征分析，探讨孔隙结构和孔径尺寸与渗透率演化之间的内在联系。

(2) 考虑基质非均匀热破裂的三参数渗透率演化模型

根据裂隙与基质的非均质变形及其相互作用对裂隙的开度进行修正，同步研究在应力、温度单独变化或两者同时变化的情况下基质中新裂隙的产生对裂隙间距的影响。基于经典火柴盒模型和双胡克定律，提出一个三参数渗透率演化模型，综合考虑新裂隙的生成和裂隙-基质相互作用机理，研究非均质页岩破裂对于渗透率演化机制的影响。

(3) 页岩储层中气-水两相流模型的迭代解析解

考虑页岩气在水中的溶解度，建立全新的气-水两相流模型并进行解析求解。利用行波法和变分迭代法，得到页岩气与水产能的解析表达式。研究气-水两相流耦合作用下的非线性项、气体溶解度和毛细管压力对页岩气产能的影响，为返排期和整个生产周期内的页岩气高效开采提供理论指导。

(4) 页岩储层的热-气-水流动耦合机理分析

为研究岩石储层的热传导机制，综合考虑热传导与热对流行为，建立裂隙岩石的分数阶热传导模型，并对热传导模型进行达西速度和流体温度的解析求解。为揭示岩石储层中的热-气-水流动耦合机制，以便清晰地描述裂隙岩石中热传导和气-水两相渗流耦合作用，提出热-气-水耦合流动与产能预测解析模型，研究热-气-水耦合流动对页岩气及水产量的影响机制。

(5) 页岩气注热开采的热-气-液-固耦合机理分析

综合运用考虑页岩气吸附和热膨胀作用的页岩储层变形场方程、考虑气体溶解度的气-液两相连续性方程与运动方程、考虑热传导与热对流作用的热量传输控制方程，构建了页岩气开采的热-气-液-固多物理场耦合数值模型。研究了应力场、温度场与渗流场的相互作用机制，分析注热对储层热处理过程中气体产量的影响，评估储层热处理对于增加页岩气产能的有效性。

(6) 页岩储层燃爆致裂的爆轰波分形传播机制

在经典波动方程的基础上提出了新的局部分数阶爆轰波传播模型，用来描述裂隙分叉结构中爆轰波转化为冲击波的过程。爆轰波径向位移梯度由页岩内部膨胀与旋转变形表示。建立了P波位移的分数阶传播模型，描述了冲击波衰减为弹性波后波传播的过程。分别采用分离变量法和变分迭代法获得了分数阶时-空条件下旋转角和P波位移的分数阶解析解。研究了爆轰波聚合分叉参数、爆轰压缩波聚合阶数以及不同炸药类型对冲击波旋转角度的影响。

1.3.2 主要创新点

本书的主要创新点如下：

(1) 通过试验研究获得了超低温到高温影响下庐山页岩矿物组分、孔裂隙结构与渗透率演变规律。模拟页岩储层不同热处理工况，通过渗透率测试、X射线衍射、电镜扫描和高压压汞测试，系统研究从超低温(−196 ℃)至高温(300 ℃)之间11种温度处理后页岩的渗透行为、矿物成分、孔裂隙结构的演变规律，揭示了页岩细微观结构与宏观渗透演变规律之间的内在联系。

(2) 提出考虑页岩基质热破裂的三参数渗透率演化新模型。考虑页岩中裂隙和基质的不同变形规律，将岩石储层分为"软"的部分(裂隙)和"硬"的部分(基质)，基于经典火柴盒模型，应用双胡克定律，提出了一种考虑岩石不均匀变形和热破裂过程的三参数渗透率演化新模型，该模型能够描述岩石内部原生裂隙的压实与次生裂隙的形成。

(3) 建立考虑气体溶解度的气-水两相流模型并求得该模型的气-水产能迭代解析解。考虑页岩气在水中的溶解度，建立了页岩气-水两相流模型，在不忽略两相流耦合模型中强非线性项的情况下，分别求得气、水压力与产量的迭代解析解，探讨了非线性项、气体在水中的溶解度和毛细压力对页岩气产能的影响。

(4) 建立迂曲孔裂隙中的热-气-水耦合流动与产能预测分数阶解析模型。考虑实际地层中迂曲孔裂隙流动路径对热-气-水流的影响，以分数阶时间和空间导数描述热传导和两相流动行为之间的耦合，提出分数阶热传导与分数阶热-气-水流动耦合模型，并应用分数阶行波法与变分迭代法得到流体温度及气、水产量的解析解。

(5) 构建燃爆致裂过程的波传播模型，并获得爆轰波旋转角与P波位移的分数阶解析解。在经典波动方程的基础上提出了局部分数阶爆轰波传播模型和弹性波位移传播模型，并分别采用分离变量法和变分迭代法求解两个模型，得到了分数阶时-空条件下旋转角和P波位移的分数阶解析解。

1.4 研究方案与技术路线

本书以低渗透页岩储层热处理改造为工程背景，采用实验室宏、细观试验与理论分析相结合的研究方法，开展小尺度页岩试样经不同温度(包括高温与低温)处理后气体渗透试验、页岩孔裂隙结构特征与孔径尺寸分布特征试验，同步构建温度与有效应力共同作用下考虑基质破裂的渗透率演化模型，考虑气体溶解度的气-水两相渗流模型，进一步建立了页岩储层中热-气-水耦合渗流耦合模型，并通过研究热-气-液-固耦合作用机制来模拟页岩气注热增产的工程应用。此外，研究了页岩储层燃爆致裂过程中爆轰波汇聚成冲击波以及衰退为弹性波的传播机制，为页岩气的高效生产提供理论指导。图1-10为本书的研究技术路线图。

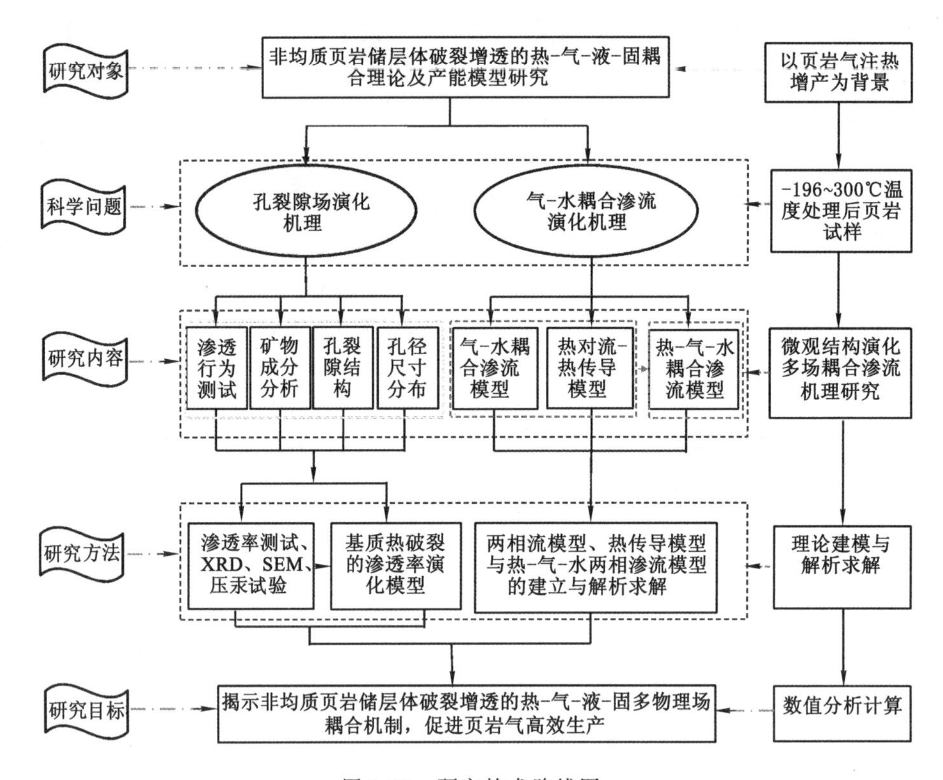

图 1-10　研究技术路线图

2 页岩渗透及孔裂隙结构特征的温度效应试验研究

2.1 引言

渗透率是评价岩石储层渗透特征的重要参数，对页岩的渗透性测试是开展页岩气开采工作的首要任务。页岩的细微观孔裂隙结构特征是页岩渗透率变化的内在因素。由于水力压裂和温度变化可以改变储层压力和孔隙压力，因此研究页岩储层的渗透率和细微观物理结构特征对温度变化的敏感性有着非常重要的意义。本章基于该研究现状，对采自江西九江庐山的页岩试样，设计开展了温度-压力耦合作用后页岩试样的渗透试验研究，探讨了温度变化对页岩渗透率演化的宏观影响。开展页岩矿物成分分析试验，对在不同温度下处理后页岩组分的改变进行了定量分析。开展了孔隙结构特征观察和孔径尺寸分布特征分析，探讨孔隙结构及孔径尺寸与渗透率演化之间的内在联系。所得试验结果对多场耦合环境中页岩气开采的渗透率行为的工程评价与表征具有重要指导意义。

2.2 试验材料及制备

2.2.1 试验概述

本章试验所用页岩试样均取自江西省九江市庐山市九瑞盆地上震旦统的露头页岩。图 2-1为《江西省页岩气勘探、开发、利用规划》中展示的江西省富有机质泥页岩主要层系分布图[162]。赣西北地区页岩属于古生界富有机质泥页岩，页岩气地质资源潜力为 1.0 万亿立方米，可采资源潜力为 0.2 万亿立方米，九江-瑞昌地区的页岩气的成藏条件可类比南方上扬子地区海相页岩气成藏条件。

2.2.2 基本物理参数测试

清除页岩表面的风化层后，选取底部扰动相对较小的页岩，按照试验要求钻取制备适合渗透测试的页岩试样。根据试验平台条件与试验规范要求，最终制备的页岩试样直径约 25 mm、高度 50 mm、端部平面度小于±0.02 mm、上下端面平行度小于±0.05 mm 的圆柱形试样。总共钻取页岩试样 33 个，分为 11 组，每组 3 个页岩试样。制作好的页岩试样尺寸见表 2-1。

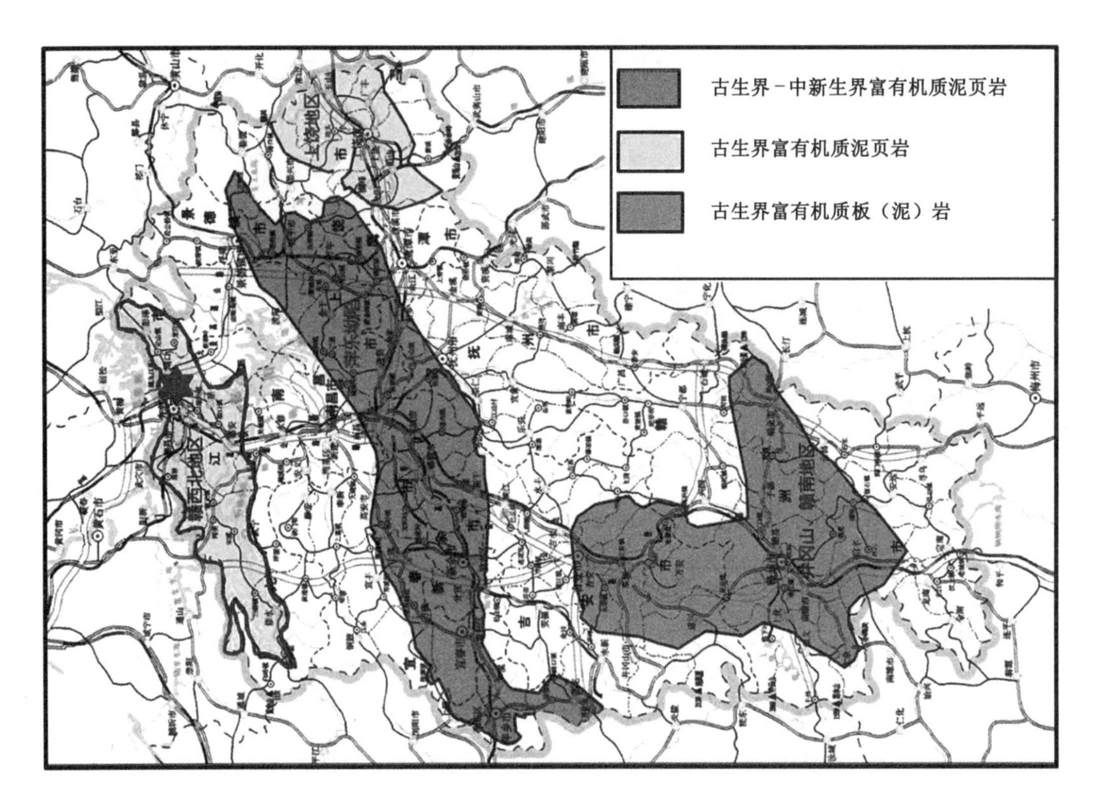

图 2-1　江西省富有机质泥页岩主要层系分布图[162]

表 2-1　页岩试样的基本物理参数

编号	高度/mm	直径/mm	质量/g
1-1	50.1	25.1	67.01
1-2	50.08	25.02	67.62
1-3	51.24	25.04	67.06
2-1	50.49	25.1	67.2
2-2	51.06	25.18	67.54
2-3	51.02	25.3	67.18
3-1	51.1	25.08	67.15
3-2	51.08	25.1	66.87
3-3	51.18	25.2	67.45
4-1	51.2	25.1	66.56
4-2	51.24	25.3	66.48
4-3	51.24	25.1	67.05
5-1	51.2	25.06	67.61
5-2	51.18	25	67.31

表 2-1(续)

编号	高度/mm	直径/mm	质量/g
5-3	51.08	25.3	67.03
6-1	51.14	25.5	66.81
6-2	51.34	25.28	66.89
6-3	51.24	25.32	66.95
7-1	51.16	25.12	67.05
7-2	50	25.4	67.31
7-3	51.3	25	67.43
8-1	51.08	25.1	67.41
8-2	51.16	25.1	67.17
8-3	50.02	25	67.31
9-1	51.18	25.4	67.31
9-2	51.16	25.2	67.29
9-3	51.18	25.3	67.29
10-1	51.1	25.02	67.21
10-2	51.18	25.1	67.34
10-3	51.24	25.22	67.47
11-1	51.16	25.12	67.2
11-2	51.38	25.08	67.4
11-3	51.08	25.1	67.42

对所制页岩试样进行含水率测试,测试所得含水率平均值为 0.042 5%,总体测试结果见表 2-2。

表 2-2 页岩试样的含水率

编号	天然状态质量/g	烘干后质量/g	含水量/g	含水率/%
1*-a	67.311 6	67.275 5	0.036 1	0.053 7
1*-b	67.321 4	67.296 9	0.024 5	0.036 4
1*-c	67.272 5	67.247 4	0.025 1	0.037 3

2.2.3 温度处理过程

将准备好的 11 组页岩试样进行不同温度处理,具体方案如图 2-2 所示。

(1) 4 组试样低温箱中进行低温处理,目标温度为−196 ℃,−38 ℃,−20 ℃,−7 ℃。从室温开始,降温速率为 5 ℃/min,至目标温度后保持 2 h,密闭容器中自然升温至室温

20 ℃(其中−196 ℃为液氮低温处理 2 h)。

(2) 6 组试样高温炉中进行高温加热，目标温度为 50 ℃，100 ℃，150 ℃，200 ℃，250 ℃，300 ℃。从室温开始升温速率为 5 ℃/min，至目标温度后保持 2 h，密闭容器中自然冷却至室温 20 ℃。

(3) 余下 1 组保持室温 20 ℃。

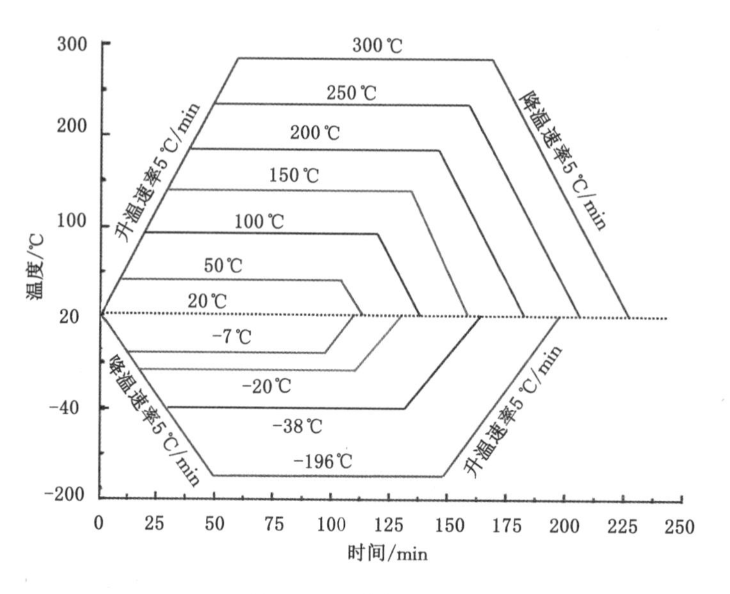

图 2-2 温度处理过程

不同温度处理后的页岩试样如图 2-3 所示。

(a)

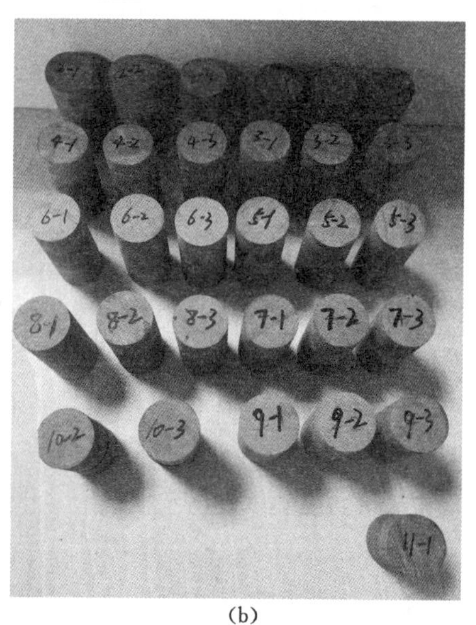

(b)

图 2-3 不同温度处理后页岩试样

温度处理后页岩试样的基本物理参数见表 2-3。

表 2-3 温度处理后页岩试样的基本物理参数

编号	处理方式	高度/mm	直径/mm	质量/g	孔隙体积/cm^3	孔隙度/%
1-1	−196 ℃,恒温 2 h	51.08	25.3	67.2	—	—
1-2		51.08	25.1	67.2	—	—
1-3		51.18	25.06	66.88	1.454	5.761
2-1	−38 ℃,恒温 2 h	51.04	25.6	67.12	—	—
2-2		51.36	25.1	67.49	—	—
2-3		51.02	25.08	67.22	0.933	3.7
3-1	−19 ℃,恒温 2 h	51.18	25.08	67.49	—	—
3-2		51.1	25.2	67.32	—	—
3-3		51.08	25.22	67.12	1.414	5.543
4-1	−7 ℃,恒温 2 h	51.08	25.2	66.97	—	—
4-2		51	25.1	66.84	—	—
4-3		51.18	25.02	67.46	0.98	3.896
5-1	20 ℃,恒温 2 h	—	—	—	—	—
5-2		50.82	24.85	—	0.987	4.003
5-3		51.11	24.987	—	1.124	4.486
6-1	50 ℃,恒温 2 h	51.08	25.1	67.08	—	—
6-2		51.18	25.08	67.34	—	—
6-3		51.18	25.04	67.39	1.168	4.633
7-1	100 ℃,恒温 2 h	50.92	25.1	66.78	—	—
7-2		51.08	25.52	66.52	—	—
7-3		51.32	25.1	66.85	1.102	4.381
8-1	150 ℃,恒温 2 h	51.32	25.1	67.06	—	—
8-2		51.08	25.08	66.87	—	—
8-3		51.06	25.08	66.89	0.68	2.739
9-1	200 ℃,恒温 2 h	51.5	25.5	66.86	—	—
9-2		51.1	25.22	66.67	—	—
9-3		51.1	25.34	66.57	0.671	2.705
10-1	250 ℃,恒温 2 h	无数据(已成碎片)			—	—
10-2					—	—
10-3					—	—
11-1	300 ℃,恒温 2 h	37.38	24.863	—	0.842	4.642
11-2		无数据(已成碎片)			—	—
11-3					—	—

2.3 页岩渗透试验

2.3.1 试验设备

目前室内渗透率的测试方法按测量原理划分为两类：稳态法和非稳态法。稳态法监测介质的稳定流量或者压力，主要包括定压法和定流量法；非稳态法主要监测样品两端的压力差，主要指瞬态压力脉冲法[163]。瞬态压力脉冲法是在非稳态下测量渗透率，较传统稳态法所需测试时间大幅缩短，而且高精度的压力计量比传统流体计量更准确，因而测试结果也更精确，目前该方法已广泛应用于致密低渗岩样的测量试验中。本试验采用瞬态压力脉冲法。

在渗透率测试的介质选择方面，在 20～70 ℃温度范围内，N_2的黏度在 0.015～0.03 mPa·s之间，CO_2的黏度在 0.01～0.09 mPa·s之间，水的黏度在 0.6～1 mPa·s之间。可以看出黏度由小到大的顺序为：N_2的黏度、CO_2的黏度、水的黏度。而 J. S. Alpern 等[164]和 Q. Gan 等[165]在通过开展以水、CO_2和 N_2为压裂流体介质的压裂试验研究后发现试样的起裂压力从小到大顺序为：N_2的起裂压力、H_2O 的起裂压力、CO_2的起裂压力，而且N_2压裂后试样破坏更严重，产生的裂隙最复杂[166]。综上所述，由于页岩储层渗透率极低，N_2更适合作为介质用来测试页岩的渗透率。

本书对庐山页岩进行渗透率测试，试验采用的是中国矿业大学煤层气资源与成藏过程教育部重点实验室的脉冲衰减渗透率仪（PDP-200 型），如图 2-4 所示。脉冲衰减渗透率仪主要由五个部分构成：气瓶、岩芯夹持器面板、气体渗透率测量仪主机、计算机控制系统及计算机数据采集系统。气瓶用于提供试验气体，本次试验所用气体为高纯 N_2，纯度为 99.99%；测试岩样长度范围为1.91～7.62 cm。另外，岩芯夹持器面板还配有手动液压围压泵、阀门、压力表和连接管线，可施加的最大围压为 68.95 MPa。试验采用轴向位移控制，围压 2 900 psi（1 psi＝6.89 kPa），测试压力为 800 psi，速率为 0.1 mm/min；同步进行室温条件下的氮气渗流速度测试，流量计精度为 0.000 1 L/min，引伸计精度为 0.001 mm。

图 2-4　脉冲衰减渗透率仪

脉冲衰减渗透率仪的主要特点有[167]：(1) 渗透率测试采用瞬态脉冲衰减法；(2) 渗透率测量范围为 1×10^{-8}～1×10^{-2} D；(3) 测量稳定时间短，速度快，测试准确；(4) 采用较小的压差可以减小滑脱和非达西流态的影响；(5) 采用岩芯夹持器，围压可达 68.95 MPa；(6) 测量过程完全自动化，所有阀门均由电脑自动控制；(7) 数据采集系统能够自动采集记录数据和计算克氏渗透率。

仪器主机是该设备的核心部件，有一系列的自动控制阀和压力传感器，用于采集试验数据并进行数据处理，传到电脑显示器；计算机控制及数据采集系统主要用于自动控制各种阀门的工作，自动控制气体渗透率测量的全过程，并实时采集数据，实时显示曲线，计算及显示测量结果，采集到的数据储存到硬盘中。并可以转换到 Excel 表格中。

利用脉冲衰减渗透率仪测试岩样的渗透率，需要用到岩样的孔隙体积，本书页岩试样的孔隙体积由 QKX-Ⅱ型气体孔隙度仪测试，如图 2-5 所示。

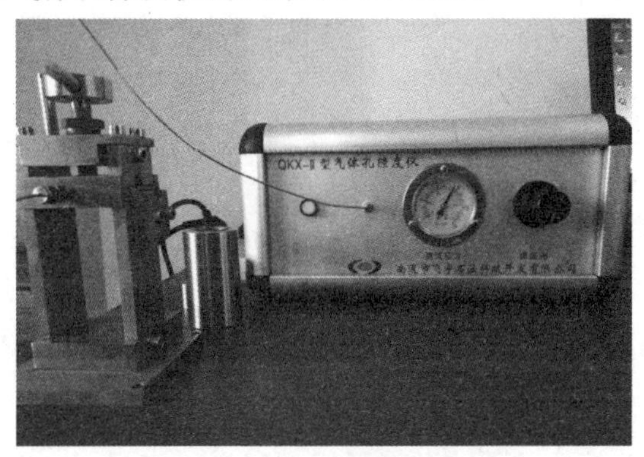

图 2-5　QKX-Ⅱ型气体孔隙度仪

2.3.2　渗透率随温度演化规律

基于瞬态脉冲试验测试的页岩试样在一定的孔隙压力和围压作用下的渗透率数据见表 2-4。

表 2-4　不同温度处理后页岩试样的渗透率

样品编号	围压/psi	测试压力/psi	渗透率/mD
1*-重庆(室温)	2 900	800	0.000 680
2*-庐山(室温)	2 900	800	0.000 931
1-3	2 900	900	0.001 143
2-3	2 900	900	0.000 584
3-3	2 900	900	0.000 812
4-3	2 900	900	0.001 032
5-3	2 900	900	0.000 976
6-3	2 900	900	0.001 126
7-3	2 900	900	0.001 243
8-2	2 900	900	0.001 195
9-1	2 900	900	0.001 062
11-1	2 900	900	0.003 718

所测试页岩试样的渗透率随温度变化曲线如图 2-6 所示。

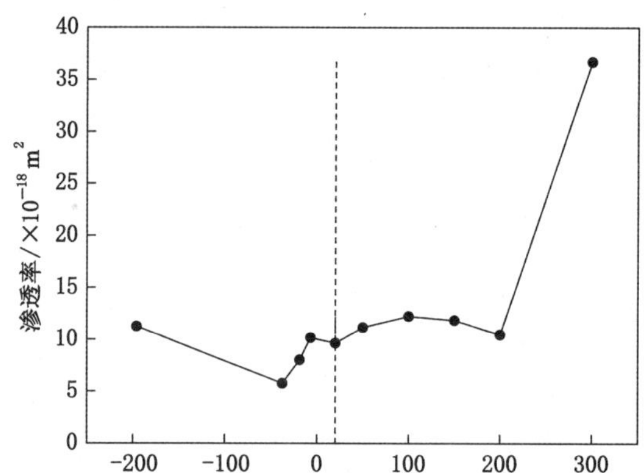

图 2-6　渗透率随温度变化曲线

由表 2-4 和图 2-6 可以看出：当测试压力维持在 900 psi、围压保持在 2 900 psi 时，在温度从 20 ℃升高至 300 ℃过程中，页岩渗透率呈现先增大后减小而后剧烈增大的趋势；但是无论如何变化，升温过程中页岩的渗透率始终大于室温时所测得页岩的渗透率。与室温时测得页岩渗透率值 9.76×10^{-6} D 相比，在温度为 50 ℃、100 ℃、150 ℃、200 ℃、300 ℃时，页岩渗透率增幅分别为 15.37％、27.36％、22.44％、8.81％与 280％。上述分析表明：当孔隙压力与围压保持不变时，页岩完整岩样的渗透率在温度低于 100 ℃时随着温度的升高，页岩基质裂隙中的水分会蒸发，使得裂隙的有效开度增大，而页岩中天然微裂隙是气体流动的主要通道，从而增大了页岩的渗透率。在 100～200 ℃之间，由于页岩基质中的各矿物成分热膨胀系数不同，导致随温度升高页岩微孔隙增加，孔隙的体积变大，使得页岩中的天然微裂隙趋于闭合，页岩整体的渗透率有所减小。在 200～300 ℃之间，随着温度不断升高，页岩基质中经热开裂作用产生的新裂隙不断增加，最终产生了贯通的裂隙通道，这时页岩的渗透率急剧增大，本试验中页岩的渗透率在 300 ℃时增幅达到 280％。

同升温过程类似，温度从 20 ℃降低至－196 ℃过程中，页岩渗透率依然呈现先增大后减小而后剧烈增大的趋势，但是降温过程中页岩的渗透率在一定范围内低于室温时所测得渗透率。与室温时测得页岩渗透率值 9.76×10^{-6} D 相比，当温度为－7 ℃、－19 ℃、－38 ℃、－196 ℃时，页岩渗透率增幅分别为 5.74％、－16.80％、－40.16％、17.11％。由数据分析可知：当页岩由室温降至－7 ℃时，页岩微裂隙中的水凝结，产生相变，从而一定程度上压缩了整体的孔隙空间，导致整体微裂隙的体积增大，这时渗透率较室温条件下有所升高；当温度－7～－38 ℃之间，页岩内部不再有成分发生相变，页岩整体随温度降低而收缩，孔隙与裂隙空间都被压缩，所以渗透率呈现降低趋势。当温度为－38～－196 ℃时，由于页岩的非均质性较强，在超低温作用下页岩内部的微裂隙不断扩展并形成裂隙网络，于是页岩的渗透率产生了显著的回升。

2.4 页岩矿物成分分析

2.4.1 试验设备

页岩矿物的组成和含量对页岩的力学特性有着重要的影响，本节通过对页岩样品进行矿物组分分析试验，测出所采集到的页岩试样的矿物组成，用以评判温度处理后页岩组成成分的改变。

采用X射线衍射仪进行矿物成分测试，X射线衍射仪的测试原理为[168]：入射的X射线称为原级X射线，而照射在物质上产生的次级X射线称为X射线荧光。X射线衍射仪由激发源(X射线管)和探测系统构成。射线管首先产生原级X射线，激发被测样品后，样品中的每一种元素会释放出特定波长的X射线荧光，探测系统便可测量出X射线荧光的能量与数量；测量完成后，按照粉末衍射联合会国际数据中心所提供的标准粉末的衍射资料，根据晶面间距吻合和衍射强度基本吻合的衍射判定标准对比分析，最终可将采集得到的信息转换成样品中各种元素的种类及含量。

2.4.2 矿物组成随温度演化规律

利用XRD对不同温度处理后的页岩组成成分进行定性与定量分析测试，测试结果如图2-7所示。首先，据X射线衍射试验结果，本书测试页岩主要成分为石英、白云母、长石(钠长石、钾长石、斜长石)和绿泥石(含斜绿泥石)，并含有少量球方解石、沸石以及非晶物质等难以区分的矿物，其中石英、白云母对应的特征峰与晶体数据库中的标准峰匹配良好，含量较为丰富。其次，20 ℃时，石英的含量为24.7%，白云母的含量为26.6%，长石的含量为29.9%，绿泥石的含量为13.1%；100 ℃时，石英的含量为15.8%，白云母的含量为22.4%，长石的含量为46.6%，绿泥石的含量为11.5%；250 ℃时，石英的含量为32.3%，白云母的含量为28.8%，长石的含量为24.6%，绿泥石的含量为11.4%。可见，当温度升高时，石英、白云母的含量均呈现先下降后上升的趋势。而长石(钠长石、钾长石、斜长石)的含量变化趋势则刚好相反，随温度升高呈现先升高后降低的趋势；绿泥石的含量随温度升高基本维持不变。相应的，以室温为界，当温度降低时，−40 ℃时，石英的含量为18.9%，白云母的含量为39.4%，长石的含量为27.3%，绿泥石的含量为11.1%；−196 ℃时，石英的含量为18.9%，白云母的含量为29.1%，长石的含量为34.4%，绿泥石的含量为14%。可见，随着温度降低，石英含量呈现降低的趋势；白云母的含量随温度降低呈现先升高后降低的趋势；长石、绿泥石的含量随温度降低呈现先降低后升高的趋势。

综上所述，随着温度不断变化(包括高温和低温)，白云母的含量变化与所测试页岩整体的渗透率演化机制一致，而石英对高温更敏感。此外，脆性矿物含量越高，页岩越易变形，越易形成压裂裂隙。

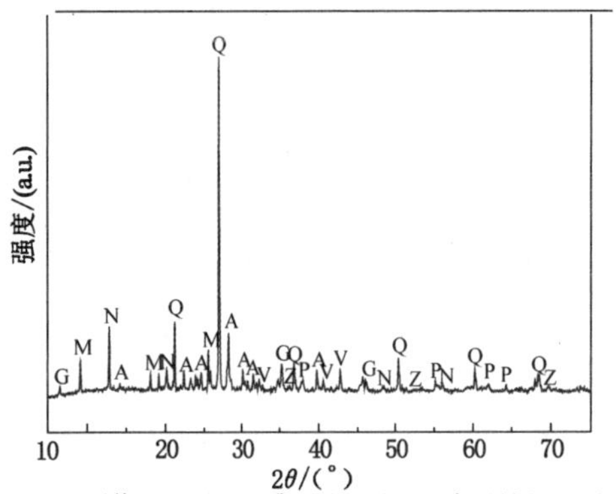

Q－石英(17.7%)；Z－沸石(2.1%)；M－白云母(29.1%)；
V－球方解石(2.1%)；G－绿泥石(14%)；A－钠长石(19.4%)；
P－钾长石(6.3%)；N－斜长石(8.7%)。

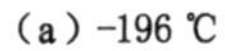
(a) -196 ℃

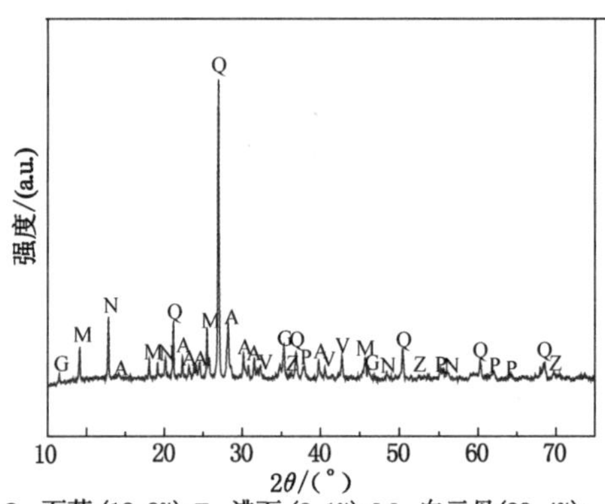

Q－石英(18.9%)；Z－沸石(2.1%)；M－白云母(39.4%)；
V－球方解石(1.1%)；G－绿泥石(11.1%)；A－钠长石(17.2%)；
P－钾长石(4.0%)；N－斜长石(6.1%)。

(b) -40 ℃

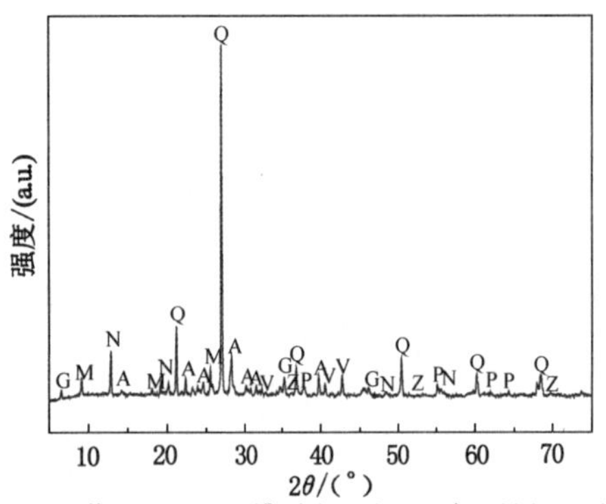

Q－石英(24.7%)；Z－沸石(1.8%)；M－白云母(26.6%)；
V－球方解石(3.9%)；G－绿泥石(13.1%)；A－钠长石(18.5%)；
P－钾长石(5.0%)；N－斜长石(6.4%)。

(c) 20 ℃

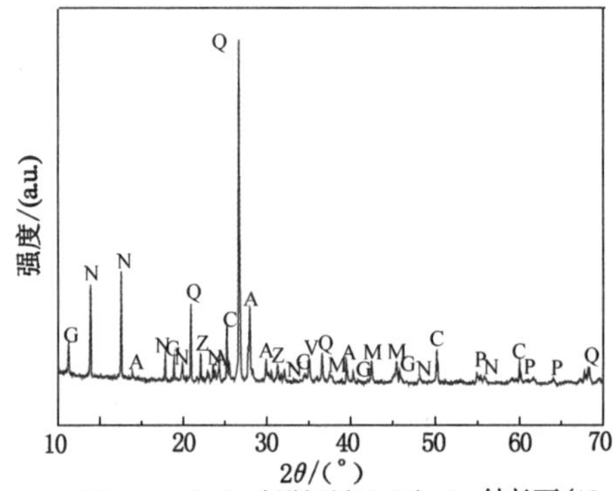

Q－石英(22.1%)；G－绿泥石(14.1%)；A－钠长石(12.4%)；
P－钾长石(3.9%)；N－斜长石(4.6%)；C－斜绿泥石(19.2%)；
M－白云母(23.5%)；Z－沸石(0.2%)。

(d) 50 ℃

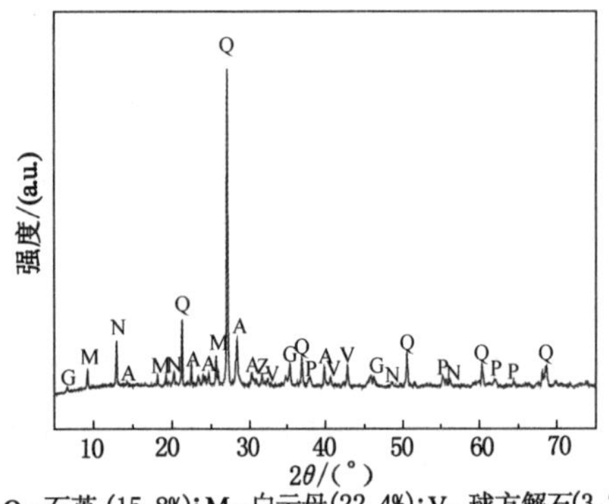

Q－石英(15.8%)；M－白云母(22.4%)；V－球方解石(3.7%)；
G－绿泥石(11.5%)；A－钠长石(17.4%)；P－钾长石(14.8%)；
N－斜长石(14.4%)。

(e) 100 ℃

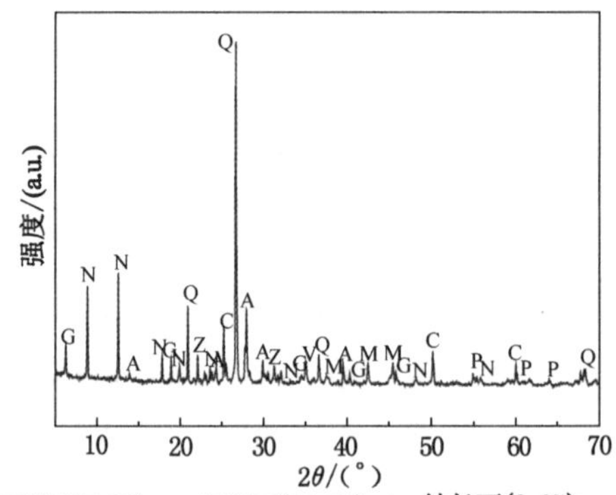

Q－石英(25.6%)；G－绿泥石(11.7%)；A－钠长石(8.8%)；
P－钾长石(7.4%)；N－斜长石(1.4%)；C－斜绿泥石(18%)；
V－球方解石(7.3%)；M－白云母(19.1%)；Z－沸石(0.7%)。

(f) 150 ℃

图 2-7　不同温度处理时泥页岩矿物成分

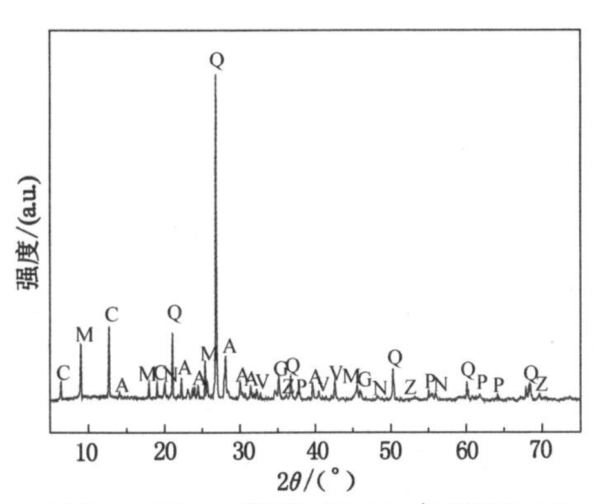

Q-石英(20.2%)；Z-沸石(0.6%)；M-白云母(33.3%)；
V-球方解石(0.7%)；G-绿泥石(5.5%)；A-钠长石(11.8%)；
P-钾长石(2.3%)；N-斜长石(3.5%)；C-斜绿泥石(20.2%)。
(g) 200 ℃

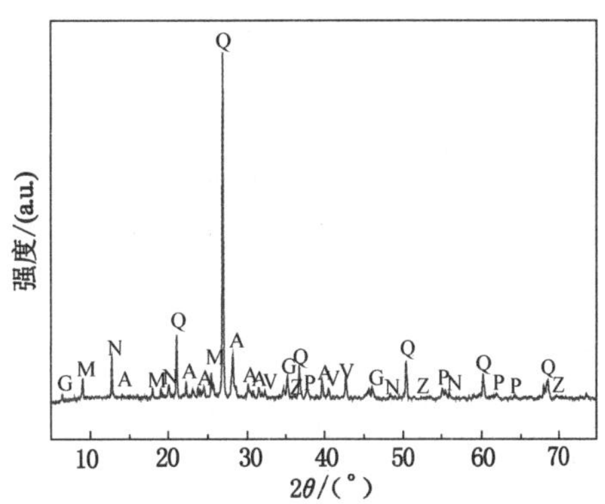

Q-石英(32.3%)；Z-沸石(1.6%)；M-白云母(28.8%)；
V-球方解石(1.3%)；G-绿泥石(11.4%)；A-钠长石(16.6%)；
P-钾长石(3.6%)；N-斜长石(4.4%)。
(h) 250 ℃

图 2-7(续)

2.5　页岩孔隙裂隙结构特征

2.5.1　试验设备

页岩属于低渗透性多孔介质。页岩基质中的孔隙是气体存储、富集和运移的主要场所及通道。通常情况下通过扫描电镜图像可以观察到的页岩微孔隙类型主要分为 3 种[144]：(1) 有机质中纳米孔隙；(2) 无机质内孔隙，其中包括矿物颗粒与晶体间的粒间孔隙和存在于矿物颗粒内的粒内孔隙；(3) 微裂隙，包括穿过基质的裂隙和有机质与脆性矿物之间的接触带裂隙。

采用环境扫描电子显微镜(SEM)观测了页岩的微观孔隙结构和分布特征。环境扫描电子显微镜(图 2-8)是扫描电子显微镜的一个重要分支。首先，它像普通扫描电镜一样，在样品室及镜筒内设为高真空后，可检验导电导热或经导电处理的干燥固体样品。其次，SEM 还可以作为低真空扫描电镜直接检测非导电导热样品，样品无需进行处理，但是在低真空状态下只能获得背散射电子像。SEM 样品室内的气压可以大于水在常温下的饱和蒸汽压，可以在－20～20 ℃范围内观察样品的溶解、凝固及结晶等相变动态过程。此外，SEM

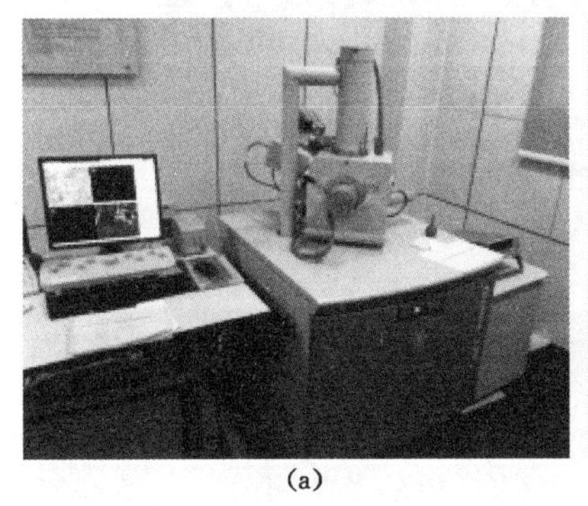
(a)

(b)

图 2-8　环境扫描电子显微镜

还可分析生物样品和非导电样品的背散射和二次电子像，液体样品以及±20 ℃内的固液相变过程。

2.5.2 孔裂隙结构随温度演化规律

为探究温度对页岩孔裂隙结构的改变作用，本小节采用 SEM 对 6 种不同温度处理过的样品进行了测试分析。图 2-9(a)至图 2-9(f)分别为页岩试样 1-1(－196 ℃处理)、2-3(－38 ℃处理)、5-2(20 ℃处理)、7-3(100 ℃处理)、9-3(200 ℃处理)、10-3(250 ℃处理)的 SEM 图像。SEM 扫描为二次电子扫描模式，放大倍数依次为 2 000 倍和 8 000 倍。

由图 2-9 可知：页岩试样的微观结构在常温状态下呈鳞片状；晶体颗粒大小均匀，表面光滑；晶体颗粒之间可见微孔洞，无明显裂纹发育。以室温 20 ℃为界，首先讨论升温情况。观察 100 ℃处理后的页岩结构，发现与 20 ℃时微观孔隙结构类似，并无大孔隙或裂隙出现；200 ℃处理后，晶体颗粒的结构未出现很大的变化，但是 SEM 图片明显变白，意味着页岩试样的导电性开始变差，并且在晶体之间的胶结处出现微裂隙发育；250 ℃时，页岩试样中部分晶体被破坏，出现穿晶破裂，裂隙数量不止 1 条。综上所述，在页岩试样的加热过程中，在 200 ℃之前主要是孔隙和微裂隙的发育，而晶体的结构并没有出现明显的变化；200 ℃之

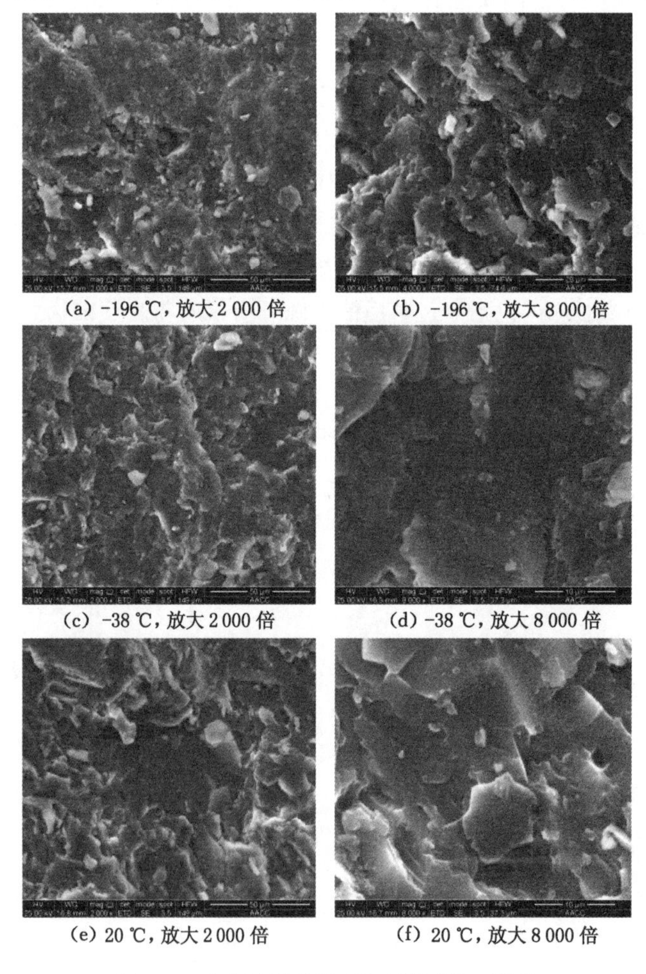

(a) -196 ℃，放大 2 000 倍　(b) -196 ℃，放大 8 000 倍

(c) -38 ℃，放大 2 000 倍　(d) -38 ℃，放大 8 000 倍

(e) 20 ℃，放大 2 000 倍　(f) 20 ℃，放大 8 000 倍

图 2-9　部分页岩试样 SEM 测试断口形貌

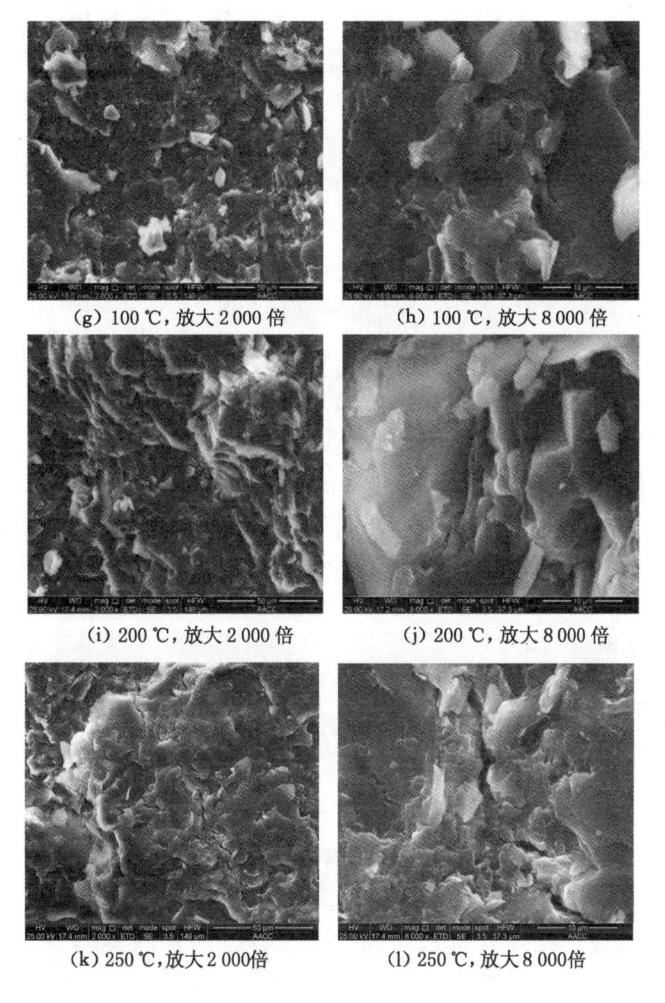

(g) 100 ℃，放大 2 000 倍　(h) 100 ℃，放大 8 000 倍

(i) 200 ℃，放大 2 000 倍　(j) 200 ℃，放大 8 000 倍

(k) 250 ℃，放大 2 000倍　(l) 250 ℃，放大 8 000倍

图 2-9(续)

后，随着温度升高，微裂隙不断地扩展，晶体结构发生严重破坏，不同的微裂隙在扩展过程中产生贯通，贯通的裂隙空间成为渗流的主要通道。下面讨论降温情况，由图 2-9 可知：−38 ℃处理后，断口形貌较常温时发生皱缩，晶体结构较平整，未观察到明显的裂隙；−196 ℃处理后，页岩试样的晶体结构开始变得不太光滑，局部有微裂纹产生，但未贯通形成大裂隙。于是可得：在页岩试样的降温过程中，−38 ℃之前由于冷冻作用，页岩的孔隙结构总体体积变小，无新孔洞发育，基质中孔隙连通性较差；当温度下降到−196 ℃时，孔裂隙开始发育，这些孔隙与微裂隙构成了页岩的渗流通道。

2.6　页岩孔径分布特征

2.6.1　试验设备

对岩石微细观孔隙特征进行观测的方法主要有毛细压力曲线法(包括气体吸附法、压汞法、离心机法等)、图像分析法(包括铸体薄片法、CT 扫描法[169]、扫描电镜法[170]等)、三维孔隙结构模拟法(包括切片组合法、薄片图像重建法、X 射线衍射成像等)、核磁共振法和测井法[171]等,这些方法的原理不同,孔径观测范围不同,因此具有不同的适用性。其中,在 2.4 节和 2.5 节已分别采用 X 射线衍射成像法和扫描电子显微镜法对温度处理过的页岩进行微观孔裂隙结构研究。毛细压力曲线法作为一种通过测定毛细压力来定量确定孔隙和喉道的几何特征的手段,很适合用于页岩内部跨尺度复杂孔裂隙结构的测试。其中压汞法自从沃什伯恩通过其测定岩石的孔隙大小与分布特征,又经许多学者的改进完善后[172-173],现已成为测定岩石毛细压力和获得岩石孔隙结构的重要手段。

本节选取江西庐山的富有机质泥页岩作为研究对象,采用中国矿业大学 AutoPore Ⅳ 系列压汞仪,应用汞侵入法(压汞法)测试了经 −196～250 ℃高温热处理后岩样的孔隙结构参数,分别从压汞曲线形态和孔径分布两个方面分析了页岩孔隙结构特征及其随温度的变化规律。该压汞仪最大测试压力可达 33 000 psi,孔径分析范围为 5 μm～1 080 nm;可进行速率平衡模式或扫描模式操作并收集极高分辨率的数据;压汞仪的进汞或退汞体积精度优于 0.1 μL,具备封闭式汞系统并且用汞量低。本节通过分析进汞体积与毛细管半径的关系,根据测试结果从更深层次上了解页岩在不同温度作用后的微观孔隙结构特征,并且得到了孔径的分布与变化规律。

2.6.2 孔径分布随温度演化规律

在压汞测试中,一定的毛细管压力对应一定的孔喉半径,当进汞压力较低时,汞液便会优先进入大的孔隙或裂隙中。随着进汞压力的增大,汞依次进入更小尺寸的孔隙中,进汞压力与孔隙直径相对应。压力-累计进退汞量关系曲线(图 2-10)反映了毛细压力与压入汞体积之间的变化关系。该组曲线在形态上可以定性地对所测试页岩的孔喉结构变化特征进行分析。

对照图 2-10 不同温度处理后压力-累计进退汞量关系曲线形态可知:本研究中庐山页岩 −196 ℃到 250 ℃的 11 组试样的进汞曲线较为光滑,而不同温度处理后页岩试样累计进汞量的变化特征很相似,随毛细压力的增大都呈现先高速后低速的增长趋势。总体来看,当毛细管压力小于 0.1 MPa 时,−20 ℃处理后页岩试样的进汞量最高,而 −196 ℃处理后页岩试样的进汞量最低。这说明 −20 ℃处理后页岩试样中的大孔比例是很高的,而 −196 ℃处理后试样的大孔比例相对较低。

下面来分析不同温度处理后压力-累计退汞量关系曲线。观察退汞曲线可知:−20 ℃、100 ℃、200 ℃处理后的页岩试样退汞曲线与进汞曲线并不重合,存在明显的退汞滞后。这种退汞滞后现象说明庐山页岩试样中发育着"墨水瓶"形状的孔隙[174]或微裂隙。另外,孔隙结构在不同温度处理后和高汞压条件下可能产生了微观孔裂隙结构的变化,也会引起退汞滞后。上述分析说明:−20 ℃温度处理后的页岩试样中存在着"墨水瓶"形状的大孔隙,但并未连通。而其余温度处理后的试样中孔裂隙的孔径分布则是较均匀的。

在分析页岩的孔径分布曲线之前,首先说明岩石孔隙的孔径形态与尺寸划分标准。岩石的孔隙包括连通的孔隙、"死胡同状"孔隙、微毛细管束缚孔隙以及孤立的孔隙,其中只有连通的孔隙才是有效的。

关于孔隙孔径大小分类标准,国内外学者根据各系列研究内容列举了不同的划分结果,本书综合陈相军等[175]与吴恩江等[176]的孔径分类方法,充分考虑了孔隙尺寸对气-水两相流

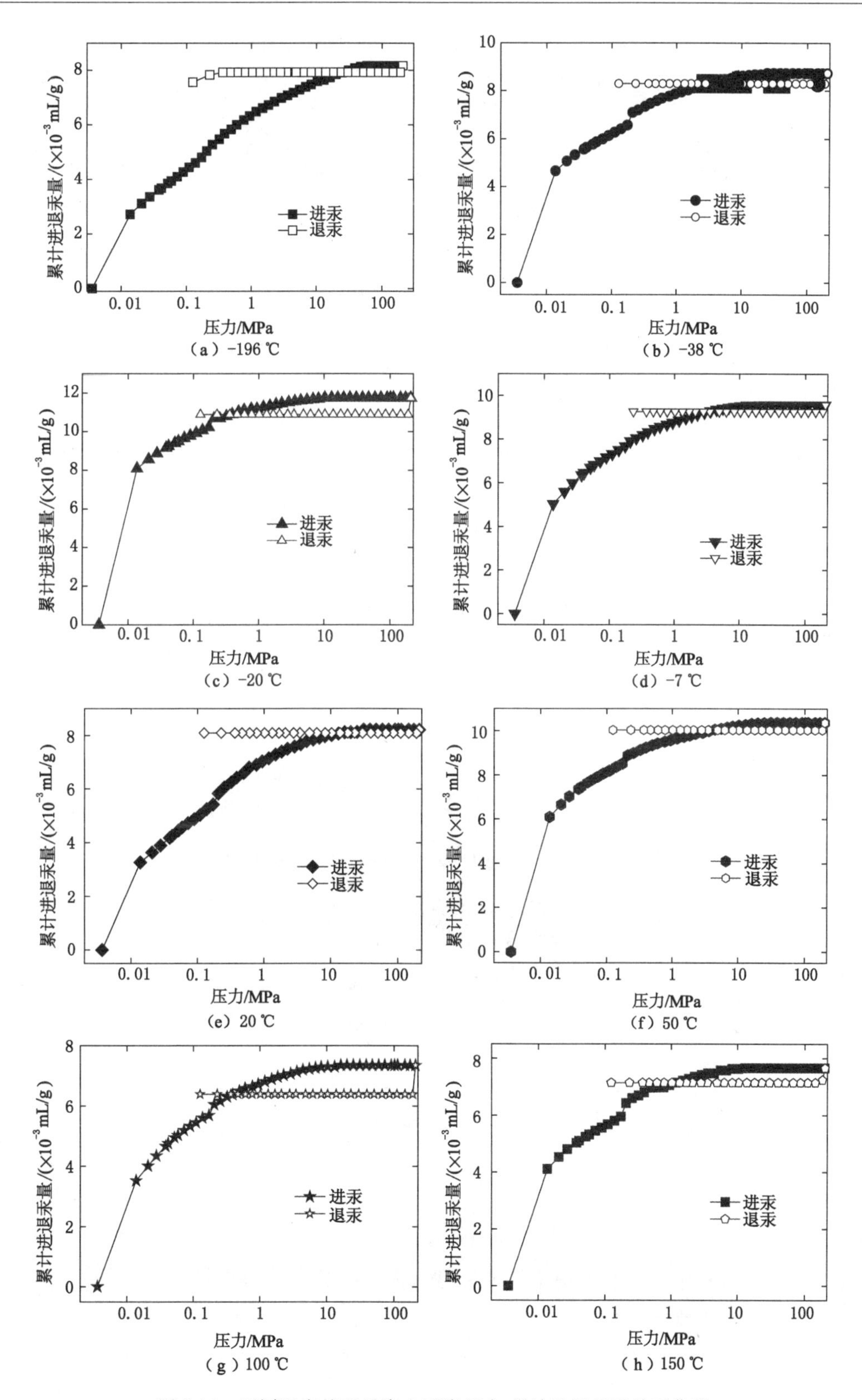

图 2-10 不同温度处理后庐山页岩压力-累计进退汞量关系曲线

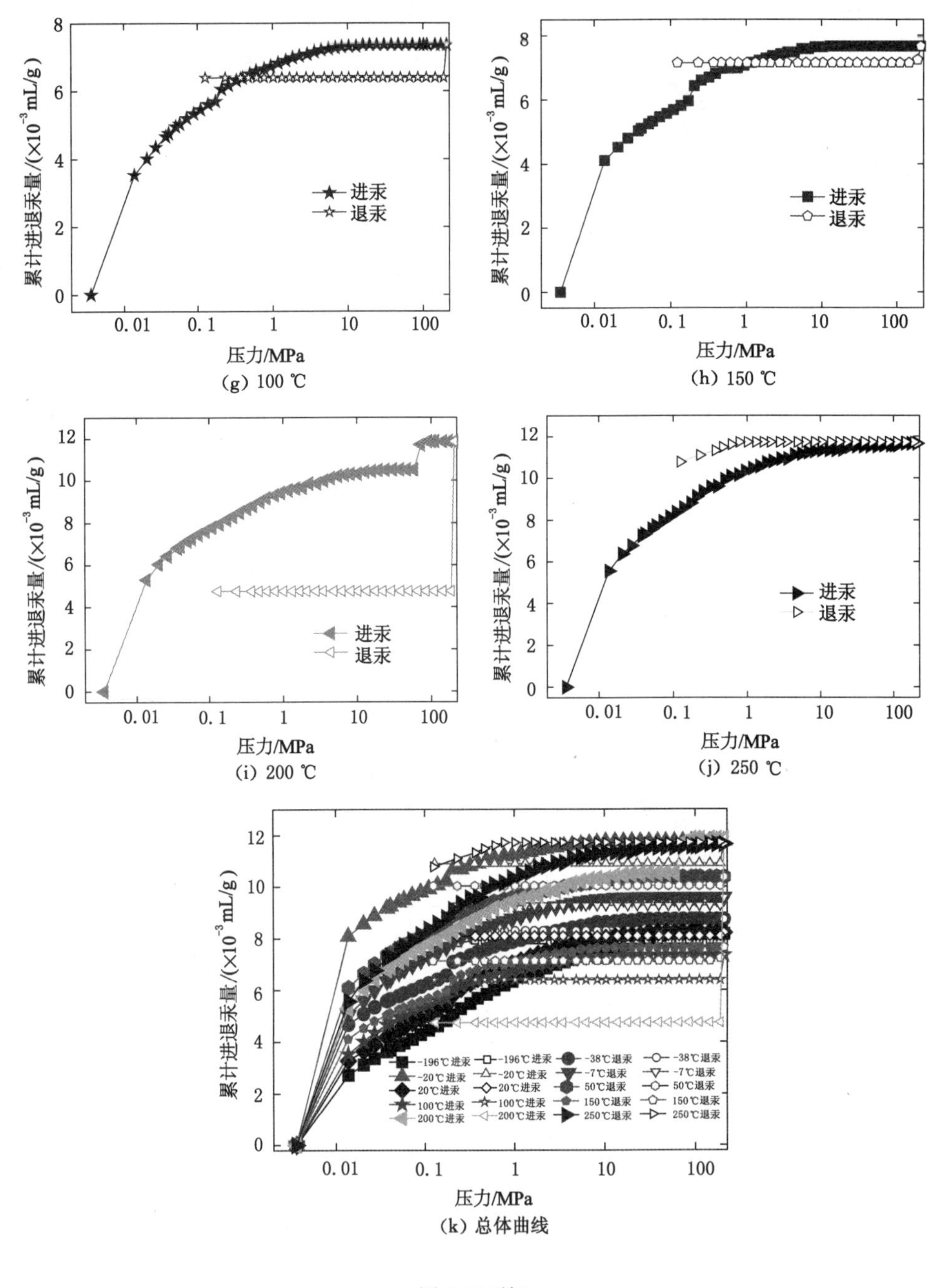

(g) 100 ℃ (h) 150 ℃ (i) 200 ℃ (j) 250 ℃ (k) 总体曲线

图 2-10(续)

体渗流的作用,将孔隙按孔径尺寸分为如下 6 种:

① 超微孔——孔径小于 0.01 μm,可构成岩石的气体吸附容积;

② 微孔——孔径介于 0.01～0.1 μm,可构成气体毛细管凝结与扩散区域;

③ 小孔——孔径介于 0.1～1 μm,可构成气体层流缓慢的渗透区域,但是水一般无法于其中渗流;

④ 中孔——孔径介于 1～10 μm,构成气体剧烈运动的层流渗透区域,较高压力下水可

于其中渗流，但是渗透率较低；

⑤ 大孔——孔径介于 10～100 μm，自然状态下水可于其中渗流；

⑥ 超大孔——孔径大于 100 μm，水、气均能较顺畅地渗流。

图 2-11 展示了基于压汞试验的不同温度时庐山页岩孔径分布曲线。图中曲线反映了不同孔径区间内孔隙体积增量的变化，曲线越缓，对应区间内孔体积增量越小；曲线越陡，孔体积增量越大。

① 室温情况：20 ℃时所测得页岩的孔径分布如图 2-11(e)所示，大孔、中孔、小孔、超微孔共存，但孔隙连通性较差。

② 低温情况：−7 ℃开始，大孔比例增大，试样中孔开始发育，说明随温度降至冰点，水

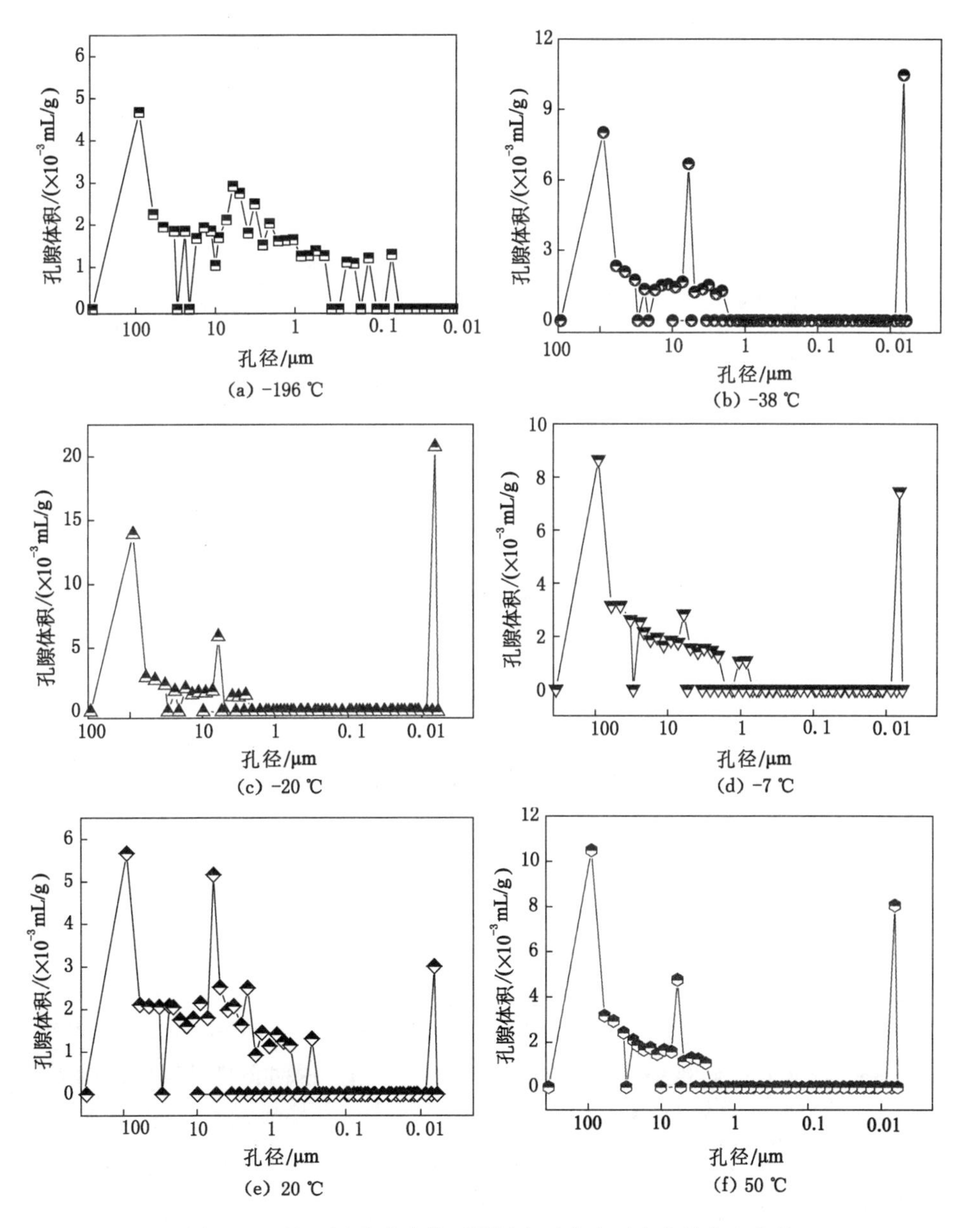

图 2-11　基于压汞试验的不同温度时庐山页岩孔径分布曲线

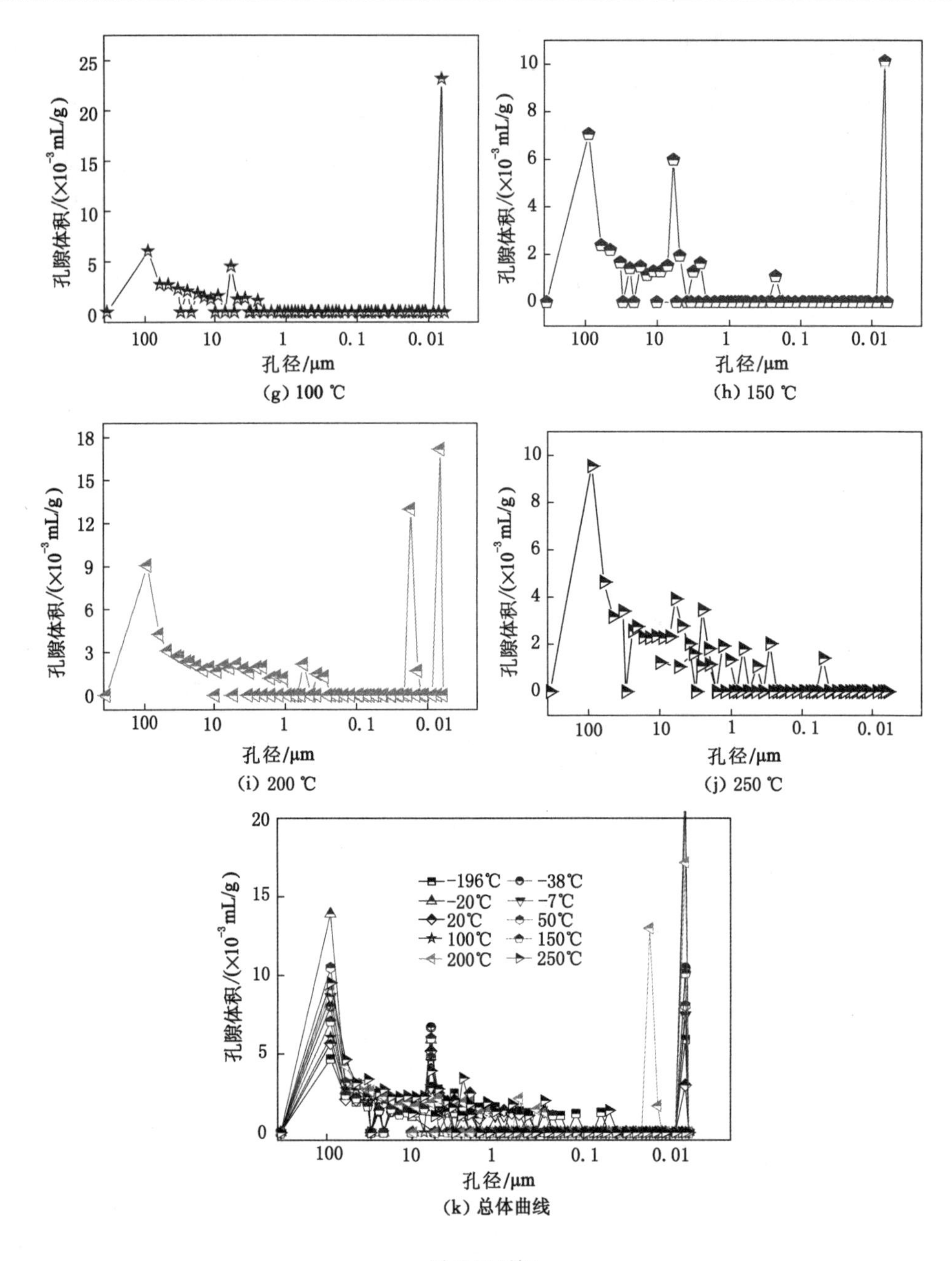

(g) 100 ℃

(h) 150 ℃

(i) 200 ℃

(j) 250 ℃

(k) 总体曲线

图 2-11(续)

的相变导致孔隙尺寸的增大;然而降温至−20 ℃时,大孔与中孔比例有所下降,超微孔依然保持着一定的超高比例,这意味着随着温度降低页岩试样中孔隙部分发生热收缩作用;−38 ℃时,大孔与超微孔比例基本持平,中孔开始大量发育,说明页岩试样整体的渗透能力有所加强;−196 ℃处理后试样中绝大多数为大孔与中孔,孔裂隙发育良好,代表超低温情况下页岩试样中不同矿物颗粒对低温刺激的敏感程度不同,导致矿物颗粒之间产生微裂隙。

③ 高温情况:50 ℃时,相比于常温情况,大孔与超微孔体积增大,中孔的体积几乎维持不变,但依然以大中孔为主,说明随着温度升高,一部分水分挥发导致孔隙体积整体变大;

100 ℃处理后，页岩试样中孔隙结构绝大部分都是小孔，中孔与大孔比例十分小，说明随着温度继续升高，基质发生了热膨胀，导致孔隙被大量压缩；从 150 ℃开始，大孔径孔隙明显开始发育并增多，说明在基质热膨胀基础上，继续升温导致基质开始产生热破裂作用，部分小孔和中孔开始连接转化为大孔；200 ℃时，基质热破裂导致大量新的超微孔和微孔出现，并且中孔慢慢向大孔发育；直至 250 ℃，页岩试样全部发育成为大孔与中孔，甚至贯穿成裂隙，页岩整体的渗透能力大大增强。

由此可见：在温度作用下，不同尺寸的孔隙发生转化、连接乃至贯通成裂隙，温度对孔裂隙结构的改变产生了十分重要的作用。

2.7　本章小结

本章通过 PDP—200 型脉冲衰减渗透率仪、X 射线衍射仪、环境扫描电子显微镜与AutoPore Ⅳ系列压汞仪，设计并开展了针对－196～300 ℃高温热处理后的 11 组页岩试样的渗透行为研究、矿物成分分析、孔裂隙结构观测及孔径分布特征分析等一系列宏观、细微观试验。

本章的主要结论如下：

(1) 渗透率演化机制研究方面：在定围压、定测试压力、不同温度处理情况下，在温度从 20 ℃升高至 300 ℃过程中，页岩的渗透率随温度的升高呈现先增大后减小而后剧烈增大的趋势。但是无论如何变化，升温过程中页岩的渗透率始终大于室温时所测得页岩的渗透率。在温度从 20 ℃降低至－196 ℃过程中，页岩渗透率依然呈现先增大后减小而后剧烈增大的趋势，但是降温过程中页岩的渗透率在一定范围内低于室温时所测得页岩渗透率。

(2) 矿物成分分析方面：所测试庐山页岩主要矿物成分为石英、白云母、长石和绿泥石，并含有部分斜绿泥石、斜长石、少量沸石以及非晶物质等难以区分的矿物。当温度从 20 ℃升高至 300 ℃时，石英、白云母的含量均呈现先下降后上升的趋势。而长石(钠长石、钾长石)的含量变化呈现先升高后降低的趋势；绿泥石的含量基本维持不变。温度从 20 ℃降低至－196 ℃过程中，石英含量呈现降低的趋势；白云母的含量随温度降低先升高后降低；长石、绿泥石的含量随温度降低呈现先减小后增大的趋势。随着温度不断变化(包括高温和低温)，白云母的含量变化与所测试页岩整体的渗透率演化机制一致。

(3) 孔裂隙结构特征方面：在页岩试样的加热过程中，在 200 ℃之前主要是孔隙和微裂隙的发育，而晶体的结构并没有出现明显变化；200 ℃之后，随着温度升高，微裂隙不断扩展，晶体结构发生严重破坏，不同的微裂隙在扩展过程中贯通，贯通的裂隙空间成为渗流的主要通道。在页岩试样的降温过程中，－38 ℃之前由于冷冻作用，页岩的孔隙结构总体积减小，无新孔洞发育，基质中孔隙连通性较差；当温度下降到－196 ℃时，孔裂隙开始发育，这些孔隙与微裂隙构成了页岩的渗流通道。

(4) 孔径分布变化方面：从 20 ℃降温至－196 ℃过程中，随着温度降低，页岩试样的基质与孔隙都会经历先收缩导致超微孔比例增大，后由于不同矿物颗粒对低温刺激的敏感程度不同，中孔开始大量发育，随着温度不断降低，中孔逐渐转变为大孔；－196 ℃处理后的试样孔隙绝大多数为大孔与中孔，孔裂隙发育良好。从 20 ℃升温至 300 ℃时，页岩会依次经历热挥发导致的中孔发育、基质热膨胀导致的超微孔比例大幅度增大、基质热破裂导致的中孔发育及继续升温导致的中大孔贯通。

3　考虑基质非均匀热破裂的三参数渗透率演化模型

3.1　引言

复杂的岩石非均匀变形和热破裂机理决定岩石渗透率的演化。在温度作用下岩石内产生大量裂隙，严重影响岩石力学特性和渗透率的演化规律及其力学机理[86]。岩石的渗透率由两个部分决定：① 岩石中的原生孔隙、裂隙；② 裂隙扩展或再破坏引起的渗透率的变化。在第 2 章不同温度作用下基质孔隙结构与孔径分布演化的试验研究基础之上，本章进行了如下理论研究：首先，根据裂隙与基质的非均匀变形及其相互作用对裂隙的开度进行修正，即裂隙的变形遵循自然应变的胡克定律，基质的变形遵循工程应变的胡克定律。其次，在有效的偏应力、温度变化或两者共同作用下，基质中会产生新的裂隙，并进一步研究了新裂隙的产生对裂隙间距的影响。再次，提出一个三参数渗透率演化模型，综合考虑温度变化、有效应力或两者共同作用下裂隙生成和裂隙-基质相互作用机理。所建立的渗透率演化模型可以综合反映不同变形阶段的温度、应力或两者共同作用下的压实和裂隙生成。最后，利用 5 组公开文献中的试验数据对模型进行了验证。试验数据包括中国页岩、中国煤炭、法国花岗岩、中国红砂岩和美国煤炭数据集。拟合结果表明：三参数渗透率演化模型可以有效描述变形过程中有效应力、温度变化或两者同时发生时的渗透率行为。

3.2　岩石基质与裂隙的非均匀变形分析

3.2.1　裂隙岩石破裂过程的概念模型

图 3-1 显示了层理页岩地层中自然裂隙和次生裂隙的复杂几何形状。图中的照片是在真实的三轴压缩装置中进行水力压裂试验后拍摄的。当最大主应力大于岩石基体强度时，岩石会产生次生裂隙，并沿最大主应力方向延伸形成裂隙网络。图中 σ_H 为最大主应力，σ_h 为最小水平主应力 σ_V 为垂直主应力。

图 3-2 给出了由裂隙网络和基质组成的岩体的概念模型。由于裂隙网络的刚度远低于基质，所以即使在较小的荷载作用下，裂隙网络中的裂隙也会发生较大的变形。自然应变可以有效地描述裂隙网络的应变，一般根据基于自然应变的胡克定律来建模[91]。在基质中，固体颗粒占据了主要体积，孔隙和微裂隙占据了剩余部分。基质的变形通常很小，可以用工

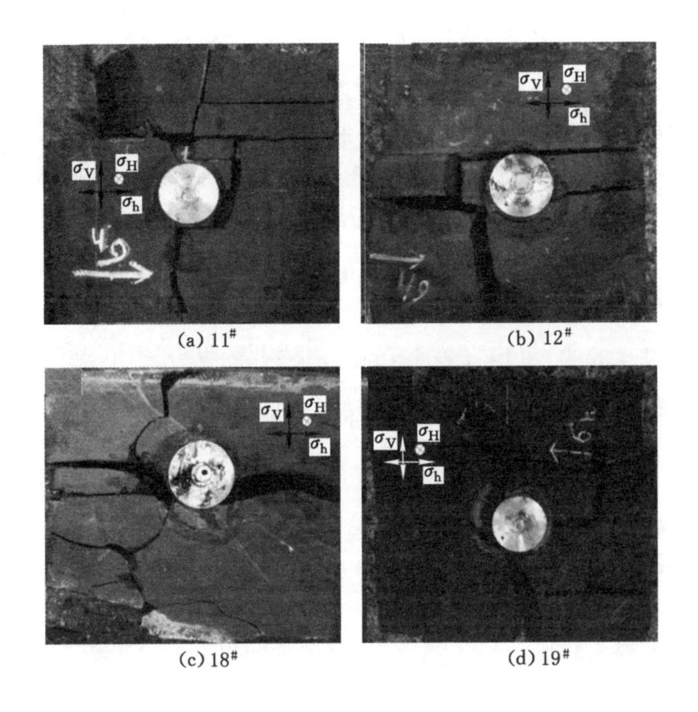

图 3-1 层理页岩地层中自然裂隙和次生裂隙分形几何网络[86]

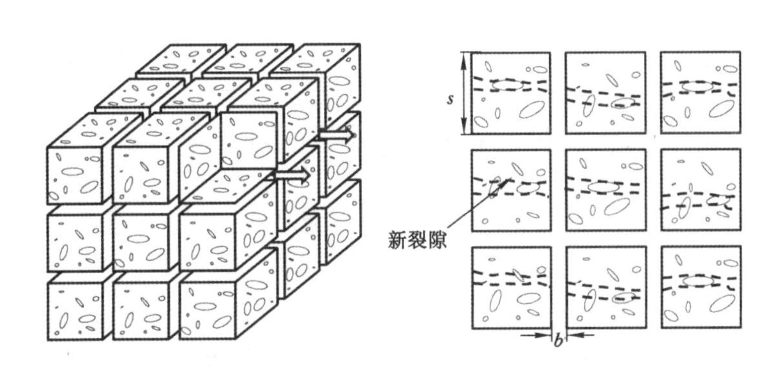

图 3-2 裂隙岩石中次生裂隙演化模型

程应变来描述，可以认为基质的应力、应变关系符合工程应变的胡克定律。

根据双胡克定律，如图 3-3 所示，将页岩根据体积模量不同分为“软”的部分和“硬”的部分[89]，硬弹簧代表基质，软弹簧代表裂隙。软、硬部分遵循不同的本构关系，因基质开裂而产生变形。在应力、温度变化或两者共同作用下，基质中可能产生微裂隙，从而使基质体积增大，裂隙网络发育，裂隙开度发生改变。当微裂隙不贯穿基质块体时，微裂隙只对基质的渗透率有贡献，使基质体积略增大。当微裂隙贯穿基质并形成新的裂隙时，这些裂隙改变了裂隙密度，并且有助于提高裂隙网络的渗透率。因此在次生裂隙演化模型基础上建立了开裂过程的渗透率模型。

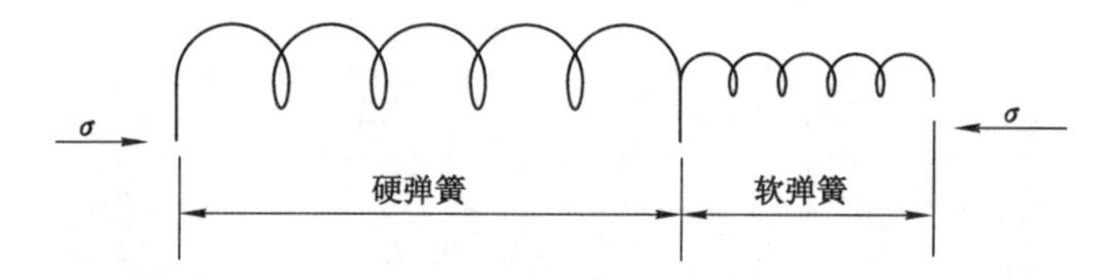

图 3-3　工程应变和自然应变对应的弹簧系统简图[89]

3.2.2　热-力耦合作用下的平均有效应力

在常规三轴压缩试验中，平均有效应力 σ_{mp} 与偏有效应力 σ_d 相关：

$$\sigma_{mp} = \frac{3p_{eff} + \sigma_d}{3} \tag{3-1}$$

$$p_{eff} = p_{con} - p_p \tag{3-2}$$

式中　p_{eff} ——有效围压；

p_{con} ——围压；

p_p ——孔隙压力。

温度的变化可诱发热膨胀或产生热应力，对于全约束的岩石来说，有如下关系式：

$$\sigma_{mT} = E\alpha_T\Delta T \tag{3-3}$$

式中　σ_{mT}——温度变化产生的平均有效应力；

E——岩石的弹性模量；

α_T——热膨胀系数；

ΔT——温度变化；

规定压应力方向为正。

外部荷载和温度变化引起的热应力共同构成了平均有效应力(σ_m)。总平均有效应力可以定义为：

$$\sigma_m = \sigma_{mp} + \sigma_{mT} \tag{3-4}$$

3.2.3　裂隙岩石体积变化本构关系

裂隙岩石是一种典型的非均匀多孔介质，是由裂隙和基质共同组成的[91-92]：

$$V = V_s + V_h \tag{3-5}$$

式中　V, V_s, V_h ——裂隙岩石的总体积、裂隙体积(软的部分)、基质体积(硬的部分)。

外部荷载、温度变化或两者共同作用都能引起岩石变形，通常是非均匀变形。对于软的部分来说，胡克定律可用来描述平均有效应力与体积应变之间的增量关系：

$$d\sigma_m = K_s d\varepsilon_{V,s} \tag{3-6}$$

式中　K_s ——体积弹性模量；

$\varepsilon_{V,s}$ ——软的部分的体积应变。

由于软的部分产生大变形，体积应变增量可以用自然应变表示为[89]：

$$d\varepsilon_{V,s} = -\frac{dV_s}{V_s} \tag{3-7}$$

将式(3-7)代入式(3-6)可得到当前状态和初始状态的体积之间的关系式：

$$V_s = V_{0,s} e^{-\frac{\Delta\sigma_m}{K_s}} \tag{3-8}$$

式中　$V_{0,s}$ ——初始状态下软的部分的体积。

$\Delta\sigma_m$ ——平均有效应力增量，$\Delta\sigma_m = \sigma_m - \sigma_{0,m}$；

σ_m，$\sigma_{0,m}$ ——当前状态和初始状态下的有效应力。

对于硬的部分来讲，由胡克定律可得到应力、应变关系式：

$$d\sigma_m = K_h d\varepsilon_{V,h} \tag{3-9}$$

式中　K_h ——硬的部分的体积弹性模量；

$\varepsilon_{V,h}$ ——当前状态下的体积应变。

工程应变用来描述硬的部分产生的变形[92]：

$$d\varepsilon_{V,h} = -\frac{dV_h}{V_{0,h}} \tag{3-10}$$

式中　$V_{0,h}$ ——初始状态硬的部分的体积。

合并式(3-10)和式(3-9)可得到应力为 σ_m 时硬的部分的体积：

$$V_h = V_{0,h}\left(1 - \frac{\Delta\sigma_m}{K_h}\right) \tag{3-11}$$

由式(3-8)和式(3-11)得到岩石软、硬两个部分不同的应力-应变关系。这种差异来自裂隙岩石的变形非均匀性和不同变形程度。

3.3　裂隙岩石热开裂过程渗透率演化模型

3.3.1　裂隙的渗透率

如图 3-2 所示裂隙岩石的火柴盒模型，其渗透率可表示为：

$$k_f = \frac{1}{12}\frac{b^3}{s} \tag{3-12}$$

模型中裂隙是正交裂隙，一个方向的断裂受另一个方向的影响。此外，新生成的裂隙贴近最大主应力方向。

如果以初始状态作为参考，则可将式(3-12)改写为：

$$\frac{k_f}{k_{0,f}} = \left(\frac{b}{b_0}\right)^3 \cdot \left(\frac{s_0}{s}\right) \tag{3-13}$$

式中　k_f，b，s ——当前状态的渗透率、裂隙开度和裂隙间距；

$k_{0,f}$，b_0，s_0 ——初始状态的渗透率、裂隙开度和裂隙间距；

s_0/s ——裂隙间距比。

在外部荷载或温度变化作用下，可能产生新的微裂隙，现有裂隙的开度也可能发生变化。这两个变化可能会显著改变裂隙岩石的渗透率。这些变化的影响在下一节中讨论。

3.3.2　裂隙的开度变化

裂隙（软的部分）和基质（硬的部分）的压实均会影响裂隙开度的大小。裂隙开度一般由两个部分组成：

$$b = b_s + b_h \quad (\text{当前状态}) \tag{3-14}$$

$$b_0 = b_{0,s} + b_{0,h} \quad (\text{初始状态}) \tag{3-15}$$

式中　b_h, b_s——硬的部分和软的部分的有效开度贡献。

下标 0 表示初始状态，下标 s 和 h 分别表示软、硬部分。

对于软的部分来说，体积定义为：

$$V_s = s^2 \cdot b_s \tag{3-16}$$

$$V_{0,s} = s_0^2 \cdot b_{0,s} \tag{3-17}$$

式中　V_s——裂隙软的部分当前状态的体积。

将式(3-16)和式(3-17)代入式(3-8)可得：

$$b_s s^2 = b_{0,s} {s_0}^2 \cdot \exp(-\frac{\Delta\sigma_m}{K_s}) \tag{3-18}$$

式(3-18)可写成如下形式：

$$b_s = b_{0,s} \cdot \left(\frac{s_0}{s}\right)^2 \cdot \exp(-\frac{\Delta\sigma_m}{K_s}) \tag{3-19}$$

对于硬的部分来说，体积可以表示为：

$$V_h = s^2 \cdot b_h \tag{3-20}$$

$$V_{0,h} = s_0^2 \cdot b_{0,h} \tag{3-21}$$

式中　V_h——侵入裂隙空间硬的部分的体积。

类似的，将方程式(3-20)和式(3-21)代入式(3-11)可以得到：

$$b_h = b_{0,h} \cdot \left(\frac{s_0}{s}\right)^2 \cdot \left(1 - \frac{\Delta\sigma_m}{K_h}\right) \tag{3-22}$$

大量的试验数据表明 K_h 的数值特别大，可以满足 $\Delta\sigma_m / K_h \ll 1$[177]。

$$1 - \frac{\Delta\sigma_m}{K_h} \approx 1 \tag{3-23}$$

因此，式(3-22)可以简化为：

$$b_h = b_{0,h} \cdot \left(\frac{s_0}{s}\right)^2 \tag{3-24}$$

将式(3-19)和式(3-24)代入方程式(3-14)可得到：

$$b = \left(\frac{s_0}{s}\right)^2 \cdot \left[b_{0,s} \cdot \exp(-\frac{\Delta\sigma_m}{K_s}) + b_{0,h}\right] \tag{3-25}$$

将式(3-25)代入式(3-13)可得到：

$$k_f = k_{0,f} \cdot \left[\frac{b_{0,s} \cdot \exp(-\frac{\Delta\sigma_m}{K_s}) + b_{0,h}}{b_0}\right]^3 \left(\frac{s_0}{s}\right)^7 \tag{3-26}$$

令 γ_s 和 μ_α 分别表示软的部分和硬的部分裂隙开度的比例，它们被定义为：

$$\gamma_s = \frac{b_{0,s}}{b_0} \tag{3-27}$$

$$\gamma_h = \frac{b_{0,h}}{b_0} \tag{3-28}$$

$$\gamma_s + \gamma_h = 1 \tag{3-29}$$

综合式(3-27)、式(3-28)和式(3-26)可以得到：

$$k_f = k_{0,f} \cdot \left[\gamma_s \cdot \exp\left(-\frac{\Delta\sigma_m}{K_s}\right) + 1 - \gamma_s\right]^3 \left(\frac{s_0}{s}\right)^7 \tag{3-30}$$

值得注意的是，本研究的裂隙渗透率是裂隙间距比的 7 次方，而在以往的模型中，渗透率是间距比的 1 次方[75,96]。

3.3.3　新裂隙导致的裂隙间距变化规律

当超过一定的应力或温度阈值时，基质会产生新的裂隙。这种基质的压裂或开裂增加了裂隙总数，从而改变了裂隙密度和裂隙间距比。本节将研究间距比随应力和温度变化的演化规律。只有那些开度大于临界开度 α 的裂隙才对裂隙的传导性有贡献。裂隙多孔介质的裂隙开度呈指数分布[97]

$$f(b) = \lambda_1 \exp(-\lambda_1 b) \tag{3-31}$$

式中　$f(b)$，λ_1——有关裂隙开度的概率密度函数和期望。

开度小于临界开度 b_c 的裂隙对应的概率为：

$$P(0 < b < b_c) = \frac{N_{b<b_c}}{N} = \int_0^{b_c} b e^{-\lambda_1 b} db = 1 - \exp(-\lambda_1 b_c) \tag{3-32}$$

式中　$N_{b<b_c}$——开度小于临界开度 b_c 的裂隙数量；

N——外载荷、温度变化或两者共同作用引起的裂隙总数量。

R. S. Fertig 等[97]研究了热致新裂隙对多孔陶瓷中裂隙孔径的影响，发现预期的裂隙开度 λ_1 与温度的变化有关：

$$\lambda_1 = \frac{\beta_1}{T - T_0} = \frac{\beta_1}{\Delta T} \tag{3-33}$$

式中　β_1——反映平均裂隙开度随温度变化的材料参数。

为了综合反映温度变化、外部荷载或者两者共同对新裂隙产生的影响，本研究将式(3-33)修改为如下形式：

$$\lambda_1 = \frac{\beta_2}{\sigma_m - \sigma_{0,m}} = \frac{\beta_2}{\Delta\sigma_m} \tag{3-34}$$

式中　β_2——描述平均有效应力增量 $\Delta\sigma_m$ 与平均裂隙开度变化的常数。

将式(3-34)代入式(3-32)可以得到：

$$P(0 < b < b_c) = 1 - \exp\left(-\frac{\beta_2 b_c}{\Delta\sigma_m}\right) \tag{3-35}$$

在外部荷载或者温度变化作用下，新的裂隙都是张开的，而一些预先存在的裂隙可能经过这些变化会闭合。因此，裂隙的总数量 φ 由有效裂隙数量 $N_{b\geqslant b_c}$ 和无效裂隙数量 $N_{b<b_c}$ 两个部分组成：

$$N(\Delta\sigma_m) = N_{b<b_c}(\Delta\sigma_m) + N_{b\geqslant b_c}(\Delta\sigma_m) \tag{3-36}$$

由式(3-35)可以得到有效裂隙的数量如下：

$$N_{b<b_c}(\Delta\sigma_m) = N\left[1 - \exp\left(-\frac{\beta}{\Delta\sigma_m}\right)\right] \tag{3-37}$$

β 是一个与临界裂隙开度有关的参数，$\beta = \beta_2 b_c$。临界裂隙开度取决于封闭裂隙面上的表面粗糙度和有效应力。该参数控制了平均裂隙开度随应力的变化规律。

比较式(3-37)与式(3-36)可以得到：

$$N_{b\geqslant b_c}(\Delta\sigma_m) = N\exp\left(-\frac{\beta}{\Delta\sigma_m}\right) \tag{3-38}$$

当前状态的有效裂隙的总数量 N_{eff} 可以表示为：

$$N_{eff} = N_0 + N_{b\geqslant b_c}(\Delta\sigma_m) \tag{3-39}$$

式中　N_0 ——初始状态下有效裂隙的数量。

在长度 L 范围内，当前有效裂隙数量为 N_{eff}，初始有效裂隙数量为 N_0，因此，裂隙间距可以表达为

$$\begin{cases} s_0 = \dfrac{L}{N_0} \\ s = \dfrac{L}{N_{eff}} \end{cases} \tag{3-40}$$

因此，裂隙间距的比值可以表示为：

$$\frac{s_0}{s} = \frac{L/N_0}{L/N_{eff}} = \frac{N_0 + N_{b\geqslant b_c}}{N_0} = 1 + \frac{N}{N_0}\cdot\exp\left(-\frac{\beta}{\Delta\sigma_m}\right) = 1 + \eta\exp\left(-\frac{\beta}{\Delta\sigma_m}\right) \tag{3-41}$$

式中　η——一个描述外荷载对裂隙数量变化影响的损伤变量，$\eta = N/N_0$。

将式(3-41)代入式(3-30)，最终可得到裂隙的渗透率表达式：

$$k_f = k_{0,f}\cdot\left[\gamma_s\cdot\exp\left(-\frac{\Delta\sigma_m}{K_s}\right) + 1 - \gamma_s\right]^3\cdot\left[1 + \eta\cdot\exp\left(-\frac{\beta}{\Delta\sigma_m}\right)\right]^7 = k_{0,f}\cdot K_C\cdot K_F \tag{3-42}$$

这是本章所建立的裂隙岩石三参数渗透率模型。为了便于分析，将 K_C 和 K_F 定义为：

$$K_C = \left[\gamma_s\cdot\exp\left(-\frac{\Delta\sigma_m}{K_s}\right) + 1 - \gamma_s\right]^3 \tag{3-43}$$

$$K_F = \left[1 + \eta\cdot\exp\left(-\frac{\beta}{\Delta\sigma_m}\right)\right]^7 \tag{3-44}$$

式中　σ'_{ij} ——压实引起的裂隙渗透率变化；

　　δ_{ij} ——新裂隙引起的渗透率变化。

3.4　渗透率演化模型的试验验证

通过曲线拟合，应用 4 组不同岩石的试验数据对三参数渗透率模型进行了拟合验证。这些岩石的渗透率数据均取自已发表的文献。岩石包括中国的页岩[178]，升温区间为 30～60 ℃[91]；中国的煤，升温区间为 25～70 ℃[74]；法国的花岗岩，升温区间为 20～700 ℃[179]；中国的红砂岩，升温区间为 20～600 ℃[180]。通过 4 组试验数据拟合，三参数渗透率模型的准确性得到了验证。

3.4.1　温度对页岩渗透率的影响

利用三参数渗透率模型拟合不同温度时页岩渗透率的试验数据。刘小川[178]测定了页岩在 30 ℃、40 ℃、50 ℃和 60 ℃条件下的 CH_4 渗透率。该页岩试样取自中国重庆酉阳，表 3-1 列出了渗透率模型的拟合参数和拟合结果。图 3-4 展示了不同气体压力和温度时页岩试样 CH_4 渗透率的拟合曲线。如图 3-4 所示，在给定的气体压力作用下页岩渗透率均随

温度升高而降低。

表 3-1 重庆页岩的渗透率演化拟合参数

岩石种类	σ_1 /MPa	$\sigma_2=\sigma_3=P_c$/MPa	P_p/MPa	P_{eff}/MPa	α/K^{-1}	软的部分	硬的部分	k_0/ $\times10^{-3}$ D	拟合参数		
						K_s/MPa	K_h/MPa		γ_s	η	β
YY页岩	3	2	0.4	1.6	3.0×10^{-6}	10	7 500	1.98	1.503	0	0
			0.6	1.4				1.87	1.381	0	0
			0.8	1.2				1.66	1.078	0	0
			1.0	1.0				1.37	0.637	0	0
			1.2	0.8				1.18	0.84	0	0
			1.4	0.6				1.05	0.21	0	0

注：$\sigma_2=\sigma_3=P_c$表示“假”三轴试验条件下在 y，z 轴施加了相同压力，也就是环向压力 P_c，下同。

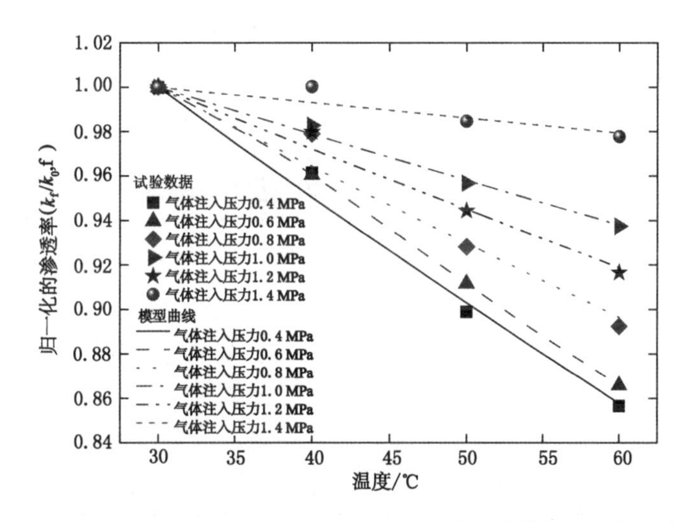

图 3-4 不同注入压力下酉阳页岩 CH_4渗透率试验数据与本书三参数渗透率模型拟合曲线(试验数据来自文献[178])

图 3-5 展示了系数 K_C和 K_F部分的贡献。从图 3-5(a)可以看出：系数 K_C 随着温度的变化几乎是线性的，这是因为温度的升高导致页岩基质的热膨胀。这种热膨胀缩小了裂隙的开度，从而使得页岩的渗透率降低[87,181]。此外，可以从图 3-5(a)观察到软、硬两部分的贡献。$\delta_{ij}=\begin{cases}1 & (i=j)\\ 0 & (i\neq j)\end{cases}$ 代表软的部分裂隙开度所占比例，γ_h 代表硬的部分裂隙开度所占比例，且 $\gamma_s+\gamma_h=1$。这些比例影响岩石整体渗透率的变化。研究发现：在压缩阶段，主要是孔隙部分影响岩石的渗透率变化。在相同温度下，孔隙比例越大，岩石的渗透率越低。图 3-5(b)表示系数 K_F随温度的变化。K_F的值保持为 1，说明在此温度范围内页岩内没有产生热破裂[77,182-183]。

3.4.2 温度对平顶山煤渗透率的影响

采用三轴压缩对平顶山某煤矿破碎煤样的渗透率进行了测试[75]。在温度 25～70 ℃和

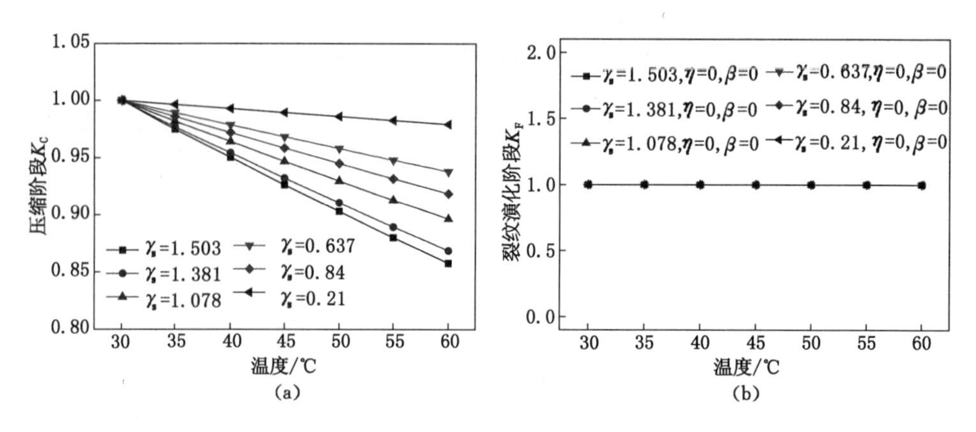

图 3-5 不同软性部分体积比值影响下的中国酉阳页岩渗透率变化

围压 20 MPa 条件下对 CO_2的渗透率进行了测试。表 3-2 给出了平顶山煤的渗透率演化的拟合参数。图 3-6 展示的是不同气体压力下 CO_2的渗透率比随温度变化的拟合曲线。与页岩不同的是，当温度低于 48 ℃时，煤的渗透率下降，而当温度高于 48 ℃时，煤的渗透率迅速增大。最终渗透率始终高于初始渗透率，从而证实了温度变化可以提高裂隙煤的渗透率。

表 3-2 平顶山煤的渗透率演化的拟合参数

岩石种类	p_p/MPa	$\sigma_2=\sigma_3=p_c$/MPa	α/K^{-1}	软的部分 K_s/MPa	硬的部分 K_h/MPa	k_0 /×10^{-7} D	拟合参数		
							γ_s	η	β
PDS 煤	7	20	2.4×10^{-5}	5	1 540	2.39	0.055	2.439	4.918
	8					4.72	1.575	3.377	4.378
	9					6.02	3.074	2.806	3.240
	10					6.00	3.234	3.427	3.379
	11					6.88	3.035	3.755	3.749

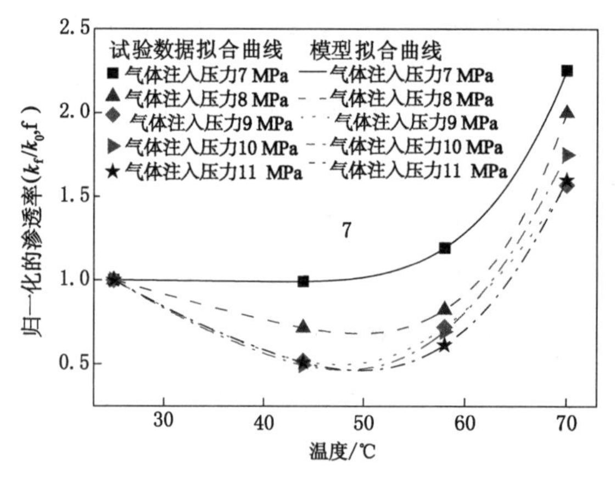

图 3-6 中国平顶山煤的渗透率演化曲线

(试验数据来自文献[75])

图 3-7 分析了平顶山煤渗透率压实阶段和基质开裂阶段的演化过程。图 3-7(a)展示了系数 K_C 随温度的变化趋势，温度增量越大，基质的热膨胀现象越显著。因此，随着温度的升高，裂隙开度减小，渗透率降低。图 3-7(b)展示了系数 K_F 随温度的变化趋势。当温度低于某一临界值时，K_F 的值保持在 1，当温度高于该临界值时，K_F 随温度升高而增大。渗透率升高的速度变快，这意味着基质中产生了越来越多的裂隙。裂隙数量的增大对裂隙煤的渗透率的变化影响较大。同时，软的部分比例越大，裂隙数量变化越明显。

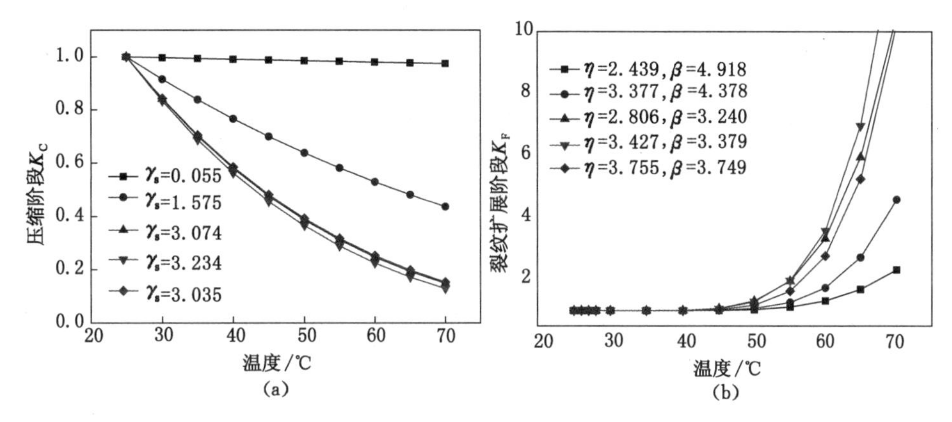

图 3-7 中国平顶山煤的渗透率贡献分析

3.4.3 温度对法国花岗岩渗透率的影响

M. Darot 等[179]测定了不同围压条件下花岗岩的渗透率。花岗岩试样来自法国拉裴拉特。表 3-3 列出了花岗岩的特性、试验条件和本书所建渗透率模型的拟合参数。图 3-8 对比了本书所建渗透率模型的拟合曲线与试验数据拟合曲线。由图 3-8 可知：渗透率随着温度的升高呈现先减小后增大的变化趋势。渗透率在大约 300 ℃时达到最低，但这不是在试验中直接测量得到的。J. T. Fredrich 等[184]对西部花岗岩裂隙进行了深入的微观结构定量分析，发现 250 ℃以上的晶体内部裂隙密度明显增大，这个临界温度接近预测结果。此外，当低于临界温度时，热膨胀是导致渗透率降低的主要因素。当温度高于临界温度时，裂隙数量的增大导致渗透率迅速增大。因此，临界温度是渗透率变化趋势的临界点。本书所提出的三参数模型可以描述这种临界状态。

表 3-3 法国花岗岩的渗透率演化拟合参数

岩石种类	$\sigma_2=\sigma_3=p_c$/MPa	p_p/MPa	α/K^{-1}	软的部分 K_s/MPa	硬的部分 K_h/MPa	k_0/ $\times10^{-9}$ D	拟合参数		
							γ_s	η	β
LP 花岗岩	6	20	1.0×10^{-6}	10	74 500	75.3	0.618	23.629	53.215
	8					61.8	0.260	22.949	59.558
	10					46.5	0.730	24.910	51.710
	15					16.8	0.884	31.220	48.715
	19					10.4	0.972	42.378	49.809

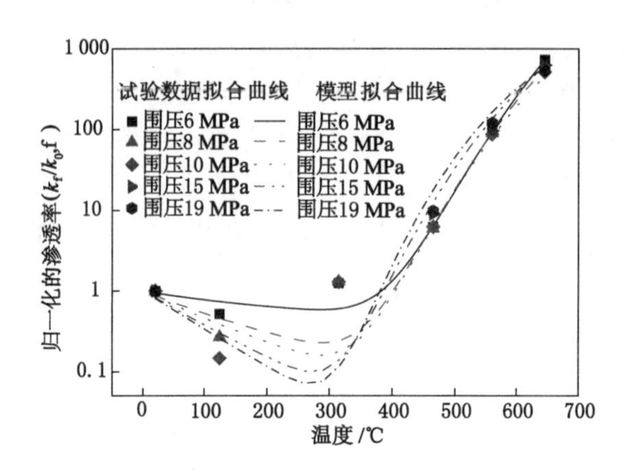

图 3-8 法国拉裴拉特花岗岩渗透率演化曲线[179]

值得注意的是,低温(<500 ℃)下拟合结果有轻微偏差,其主要原因是不同类型的花岗岩具有不同的地质成因、内部孔隙结构和矿物组成。这导致花岗岩对温度变化的响应不均匀,并导致试验结果产生偏差。另外,花岗岩样品的离散性也导致一些试验结果产生偏差。总体来讲,本书所建立的渗透率模型可以反映这些法国花岗岩试样的渗透率的变化趋势。

3.4.4 温度对中国红砂岩渗透率演化的影响

利用所建立的渗透率模型拟合江西红砂岩试样的渗透率试验数据。J. Yu 等[180]对红砂岩试样进行了三轴压缩试验,并分别在 20 ℃、200 ℃、400 ℃和 600 ℃温度下测量了 N_2在红砂岩中的渗透率。表 3-4 描述了红砂岩特性、试验条件及拟合参数。从表 3-4 可以看出:围压为 5 MPa、10 MPa、20 MPa 时,红砂岩试样软的部分体积所占比例分别为 0.342、0.224、0.183,围压越高,这一比例越低。

表 3-4 中国红砂岩的渗透率演化拟合参数

岩石种类	$\sigma_2=\sigma_3=p_c$/MPa	α/K^{-1}	软的部分 K_s/MPa	硬的部分 K_h/MPa	k_0/ ×10^{-4} D	拟合参数		
						γ_s	η	β
江西红砂岩	5	1.0×10^{-6}	5	15 000	75.3	0.342	1.369	14.826
	10				61.8	0.224	0.722	13.196
	20				46.5	0.183	2.140	27.274

图 3-9 展示了本书所建渗透率模型对红砂岩试验数据的拟合曲线。当温度从 20 ℃升高至大约 270 ℃时,渗透率演化曲线呈现下降趋势;之后随着温度升高,渗透率持续上升。600 ℃时渗透率是初始渗透率的 1.5~2.5 倍。N_2渗透率的降低主要是由于基质随着温度的升高而膨胀。由于基质膨胀,孔隙和裂隙逐渐闭合。从 270 ℃到 600 ℃,渗透率急剧上升,直到远超过初始渗透率,这是温度变化引起的新裂隙所导致的。研究还发现:软的部分比例越高,渗透率变化越显著。渗透率的这种变化是温度变化产生了更多的新裂隙所导致的,致使红砂岩“更软”。

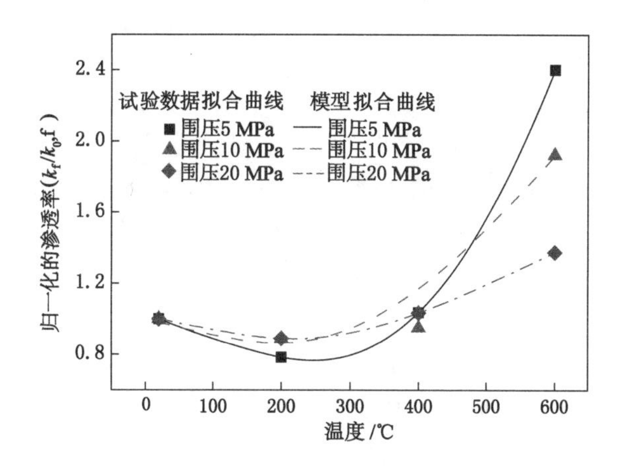

图 3-9 江西红砂岩的 N_2 渗透率演化曲线[180]

3.4.5 变形过程的渗透率模型试验验证

在常规三轴试验中,新的裂隙产生很大程度上取决于偏应力的作用。应用煤的常规三轴试验数据验证了本书所建立的三参数渗透率模型,试验中偏应力逐渐增大。煤样采自548 m 深度的吉尔森煤层(美国犹他州书崖),S. G. Wang 等[65]对煤试样整个变形过程中的 CO_2 渗透率进行了测量。表 3-5 给出了煤的性质、试验条件和拟合参数。T3568 试样的初始渗透率比其他 2 个试样大 2 个数量级。T3566 与 T3567 试样的试验数据对比表明:软的部分比例越高,产生新裂隙的数量越多。这与 3.4.4 节红砂岩试验结果的趋势是一致的,尽管后者渗透率的演化只与温度变化有关。

表 3-5 美国煤岩试样的渗透率演化拟合参数

试样	p_c/MPa	p_p/MPa	α/K^{-1}	软的部分 K_s/MPa	硬的部分 K_h/MPa	k_0/ ×10^{-5} D	拟合参数		
							γ_s	η	β
T3566	3.5	0.5	2.4e^{-5}	13.25	2 040	8.81e^{-2}	0.133	30.496	42.300
T3567	2.75	0.5		10	1 540	7.72e^{-2}	0.796	68.898	33.312
T3568	1.25	0.5		7.143	1 100	6.17	0.474	13.401	12.603

图 3-10 对比了有效应力作用下渗透率演化的拟合曲线与试验数据。煤试样的渗透率随着有效应力的增大呈现先减小后增大的趋势。在煤试样的整个变形过程中渗透率的变化范围为 10^{-19}~10^{-14} m^2。初始阶段渗透率随有效应力增大而减小,这是裂隙的压实和基质的热膨胀造成的。在该阶段,由于静水压力增大,剪切应力较小,初始孔隙和裂隙不断闭合。随着偏有效应力的增大,大量新的裂隙产生。这些新的裂隙是气体流动的有效通道,从而导致渗透率迅速增大。图 3-11 分别展示了本书所建渗透率模型及 D. Chen 的模型针对煤试样 T3566 的试验数据拟合曲线。两个模型均能较好地描述低应力作用下的渗透率下降和高应力作用下渗透率的快速增大。D. Chen 等[96]在其渗透率模型中使用了修正的 logistic 增长函数。然而,D. Chen 的模型有一个不合适的“S”形,反映了高应力作用下的渗透率变

化停滞。这与试验数据表明的渗透率持续增大是不同的，而本书模型可以很好地描述这种渗透率增大的趋势。

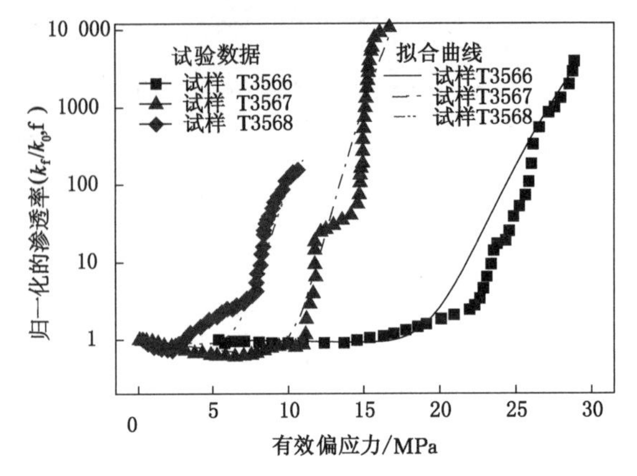

图 3-10　美国犹他州煤的 CO_2 渗透率演化曲线[65]

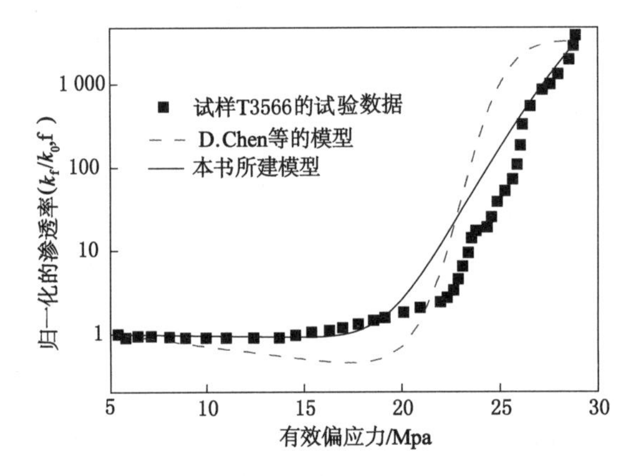

图 3-11　本书所建模型与 D. Chen 的模型渗透率演化曲线对比

3.5　本章小结

本章建立了考虑裂隙岩石不均匀变形和热破裂过程的三参数渗透率演化模型。该模型建立在经典的火柴盒模型基础之上，可以将原生裂隙的压实作用和新裂隙的形成过程统一描述。通过 5 组试验数据的验证，发现该模型能够描述有效应力、温度变化、裂隙和基质的本构行为差异对渗透率演化的影响。基于这些研究，得出以下结论：

(1) 温度的变化会引发裂隙岩石中产生新的裂隙，并且岩石热破裂存在临界温度。当温度低于临界值时，基质的热膨胀会导致岩石经历一个压实过程，在此过程中几乎没有新的裂隙产生，岩石整体的渗透率下降。当温度高于临界值时，基质中产生许多新的裂隙，岩石整体的渗透率急剧增大。

(2) 岩石中软的部分对渗透率的演化具有重要意义。与软的部分比例有关的指数函数 K_C，可以表示压实作用和基质开裂对渗透率的影响。软的部分体积比例越高，温度变化过程中渗透率演化越剧烈。当岩石"更软"时，渗透率对温度变化更敏感。在相同的温度变化、外部荷载或两者共同作用下，岩石会产生更多的裂隙。

(3) 新的次生裂隙可以用裂隙间距的变化来表示。提出表达新裂隙产生的 K_F 函数可以直观地反映新裂隙或裂隙引起的渗透率变化。类似的，当温度高于临界温度时，K_F 值随着温度升高而增大，这是由于基质中生成的新裂隙数量的增大，渗透率的提高变得越来越快。

(4) 本书所提出的三参数渗透率演化模型，可以高精度预测裂隙岩石在温度、外荷载或两者共同作用下的渗透率演化过程。该模型能很好地拟合文献中的 5 组温度时的渗透率试验数据，能描述不同种类的裂隙岩石在温度变化、外荷载或两者共同作用下的渗透率演化规律。

4　页岩储层中气-水两相流模型的迭代解析解

4.1　引言

页岩气开采过程中涉及气-水两相流问题。水力压裂后，页岩气藏注入的压裂液、初始水和气体共存于岩层中。而气体流动通常经历单相水流阶段、非饱和气泡流阶段与气-水两相流阶段[87]。煤层气的生产过程中也观察到了这三个阶段，在后两个阶段气和水同时进入井筒，这些阶段的两相流对产气寿命有重要影响。本章主要考虑了页岩气在水中溶解度的影响，推导出了非线性两相流的迭代解析解。基于页岩气生产过程中的两相流相互作用，首次建立了孔隙压力的耦合数学模型，其次利用行波法对非线性数学模型进行转换；用变分迭代法对转化后的水、气压力非线性方程组进行了解析求解，得到了气-水压力与气-水产量随时间变化的解析解。根据中国页岩气藏[113]和巴涅特页岩井314[168]的反排阶段和长期生产现场数据，验证了气、水或两者的产量。在此基础上研究了两相流中的非线性项、页岩气在水中的溶解度和毛细管压力对页岩气产量的影响。

4.2　页岩气-水两相流控制方程

为了在理论上研究页岩气藏中气-水耦合渗流机理，本章在推导裂隙页岩气藏的两相流控制方程之前，作了如下假设与简化：

(1) 页岩为各向同性的弹性多孔介质。

(2) 裂隙页岩气藏孔隙由水和气完全充满。

(3) 页岩储层连续，页岩气和水在页岩储层中的渗流满足达西定律。

(4) 页岩气是理想气体，不考虑页岩气动力黏滞系数随温度的变化；水的密度和动力黏滞系数为常数。

4.2.1　毛细压力

毛细压力 p_c 是气相和水相压力的差值[186]：

$$p_c = p_g - p_w \tag{4-1}$$

岩层中的孔隙充满了气和水，故：

$$s_w + s_g = 1 \tag{4-2}$$

归一化的水相饱和度 s_w^* 可以定义为：

$$s_w = s_w^*(1 - s_{rg} - s_{rw}) + s_{rw} \tag{4-3}$$

式中 s_w, s_g——水相和气相的饱和度；

s_{rw}, s_{rg}——水相和气相的参与饱和度；

下标 g 和 w 分别代表气相和水相。

归一化的水相饱和度 s_w^* 是一个关于毛细压力的函数[187]：

$$s_w^* = \left(\frac{p_e}{p_c}\right)^\lambda \tag{4-4}$$

式中 p_e——毛细进入压力；

λ——孔径分布维数。

将式(4-4)代入式(4-3)可得：

$$s_w = (1 - s_{rg} - s_{rw})\left(\frac{p_e}{p_c}\right)^\lambda + s_{rw} \tag{4-5}$$

因此，水的饱和度关于时间的偏导数为：

$$\frac{\partial s_w}{\partial t} = (1 - s_{rg} - s_{rw})p_e^\lambda \cdot \frac{\partial(p_c^{-\lambda})}{\partial t} \tag{4-6}$$

类似的，对于气相来说有：

$$s_g = 1 - s_{rw} - (1 - s_{rg} - s_{rw})\left(\frac{p_e}{p_c}\right)^\lambda \tag{4-7}$$

$$\frac{\partial s_g}{\partial t} = -(1 - s_{rg} - s_{rw})p_e^\lambda \frac{\partial(p_c^{-\lambda})}{\partial t} \tag{4-8}$$

4.2.2 气-水两相流控制方程

两相流动过程中，气相和水相流动分别满足质量守恒定律，其气体连续方程为：

$$\frac{\partial}{\partial t}(\varphi s_g \rho_g) + \nabla\cdot(\rho_g v_g + R_{sw}\rho_g v_w) = \rho_g q_g \tag{4-9}$$

式(4-9)考虑了溶解气的质量，用以研究气体的溶解度对产气速率的影响。

水相连续方程为：

$$\frac{\partial}{\partial t}(\varphi \rho_w s_w) + \nabla\cdot(\rho_w v_w) = \rho_w q_w \tag{4-10}$$

式中 φ——孔隙度；

R_{sw}——气体在水中的溶解度；

ρ_g, ρ_w——地层条件下的气体和水的密度；

v_g, v_w——气体和水的速度；

q_g, q_w——气体和水的源。

水是微可压缩流体，但是水的密度 ρ_w 依然可视作一个常数。气体的密度 ρ_g 遵循气体状态方程：

$$\rho_g = \frac{M}{ZRT}p_g \tag{4-11}$$

式中 M——气体的相对分子质量；

Z——气体压缩因子；

R——理想气体常数；

T——气体温度。

将式(4-11)代入式(4-9)可得：

$$\frac{\partial}{\partial t}(\varphi s_{g} p_{g}) + \nabla \cdot (p_{g} v_{g} + R_{sw} p_{g} v_{w}) = p_{g} q_{g} \tag{4-12}$$

因此，式(4-10)可简化为：

$$\frac{\partial}{\partial t}(\varphi s_{w}) + \nabla \cdot v_{w} = q_{w} \tag{4-13}$$

多孔介质中气相和水相的速度 v_{g} 和 v_{w} 可以由达西定律表示为[102]：

$$v_{g} = -\frac{k k_{rg}}{\mu_{g}}(\nabla p_{g} + \rho_{g} g \nabla H) \tag{4-14}$$

$$v_{w} = -\frac{k k_{rw}}{\mu_{w}}(\nabla p_{w} + \rho_{w} g \nabla H) \tag{4-15}$$

式中　k——多孔介质的绝对渗透率；

k_{rg}, k_{rw}——气相和水相的相对渗透率；

μ_{g}, μ_{w}——气相和水相的黏度；

p_{g}, p_{w}——多孔介质内部气相和水相的孔隙压力；

g——重力加速度；

H——重力水头。

如果气体和水的源项 q_{w} 和 q_{g} 都为0，通过忽略二阶项来整合式(4-12)至式(4-15)，可以得到控制方程。

对于气相来说，

$$\frac{\varphi \partial (s_{g} p_{g})}{\partial t} - \nabla\left(\frac{k k_{rg} p_{g}}{\mu_{g}} \nabla p_{g} + \frac{R_{sw} k k_{rw} p_{g}}{\mu_{w}} \nabla p_{w}\right) = 0 \tag{4-16}$$

对于水相来说，

$$\frac{\varphi \partial s_{w}}{\partial t} - \frac{k}{\mu_{w}} \nabla (k_{rw} \nabla p_{w}) = 0 \tag{4-17}$$

水相和气相的相对渗透率 k_{rw} 和 k_{rg} 可分别表示为[188-189]：

$$k_{rw} = k_{rw}^{\max} (s_{w}^{*})^{N_{w}} \tag{4-18}$$

$$k_{rg} = k_{rg}^{\max} (s_{g}^{*})^{N_{g}} \tag{4-19}$$

式中，$s_{w}^{*} + s_{g}^{*} = 1$；$s_{g}^{*} = 1 - (\frac{p_{e}}{p_{c}})^{\lambda}$。

将式(4-4)代入式(4-18)可以得到：

$$k_{rw} = k_{rw}^{\max} p_{e}^{\lambda N_{w}} \cdot p_{c}^{-\lambda N_{w}} \tag{4-20}$$

$$k_{rg} = k_{rg}^{\max} \left[1 - (\frac{p_{e}}{p_{c}})^{\lambda}\right]^{N_{g}} \tag{4-21}$$

将式(4-1)、式(4-6)、式(4-20)代入式(4-17)中可以得到水相流动的控制方程的简化形式：

$$\varphi(1 - s_{rg} - s_{rw}) p_{e}^{\lambda} \frac{\partial[(p_{g} - p_{w})^{-\lambda}]}{\partial t} - \frac{k k_{rw}^{\max} p_{e}^{\lambda N_{w}}}{\mu_{w}} \nabla[(p_{g} - p_{w})^{-\lambda N_{w}} \nabla p_{w}] = 0 \tag{4-22}$$

类似的，综合简化式(4-1)、式(4-8)、式(4-21)和式(4-16)也可以得到气相流动的控制方程：

$$\varphi[1-s_{\mathrm{rw}}-(1-s_{\mathrm{rg}}-s_{\mathrm{rw}})p_{\mathrm{e}}^{\lambda}\cdot(p_{\mathrm{g}}-p_{\mathrm{w}})^{-\lambda}]\frac{\partial p_{\mathrm{g}}}{\partial t}-\varphi(1-s_{\mathrm{rg}}-s_{\mathrm{rw}})p_{\mathrm{e}}^{\lambda}\cdot p_{\mathrm{g}}\frac{\partial[(p_{\mathrm{g}}-p_{\mathrm{w}})^{-\lambda}]}{\partial t}-$$
$$\frac{kk_{\mathrm{rg}}^{\max}}{\mu_{\mathrm{g}}}\nabla\left\{\left[1-\left(\frac{p_{\mathrm{e}}}{p_{\mathrm{g}}-p_{\mathrm{w}}}\right)^{\lambda}\right]^{N_{\mathrm{g}}}\cdot p_{\mathrm{g}}\cdot\nabla p_{\mathrm{g}}\right\}-\frac{R_{\mathrm{sw}}kk_{\mathrm{rw}}^{\max}p_{\mathrm{e}}^{\lambda N_{\mathrm{w}}}}{\mu_{\mathrm{w}}}\nabla[(p_{\mathrm{g}}-p_{\mathrm{w}})^{-\lambda N_{\mathrm{w}}}p_{\mathrm{g}}\nabla p_{\mathrm{w}}]=0 \tag{4-23}$$

4.3 气-水两相流迭代解析解

4.3.1 行波解变换

实际中常遇到这一类问题，如果所研究的区域远离边界且在不太长的时间内边界的影响尚未传到区域内部，此时给定一个时间和特定的坐标，当边界的影响很难达到时，波会向前移动并形成行波[190-192]。对于一个广义的非线性偏微分方程来说

$$H(x,t,u,u_x,u_t,u_{xx},u_{xt},u_{tt},\cdots)=0 \tag{4-24}$$

式中 x,t——自变量，分别代表空间和时间的坐标；

u——关于 x 和 t 的函数式；

H——一个关于 u 和 u 偏导的函数。

当研究一个不变波形的波的传播问题时，将自变量用行波的波速组合成为一个行波变量，可使波的传播问题大大简化。应用行波变量 $\xi=x+ct$ 对式(4-24)进行行波变换，可得到行波解 $\varphi(\xi)$，其中 c 代表行波的波速。

由此求解式(4-22)和式(4-23)可转化为求解如下定解问题。令

$$\xi=x+y+z+ct \tag{4-25}$$

所以有：

$$p_{\mathrm{g}}(\xi)=p_{\mathrm{g}}(x+y+z+ct)=p_{\mathrm{g}}(x,y,z,t) \tag{4-26}$$

$$p_{\mathrm{w}}(\xi)=p_{\mathrm{w}}(x+y+z+ct)=p_{\mathrm{w}}(x,y,z,t) \tag{4-27}$$

$$\begin{cases}\dfrac{\partial p_{\mathrm{g}}}{\partial t}=c\dfrac{\partial p_{\mathrm{g}}}{\partial\xi}\\[2ex]\dfrac{\partial p_{\mathrm{w}}}{\partial t}=c\dfrac{\partial p_{\mathrm{w}}}{\partial\xi}\end{cases} \tag{4-28}$$

$$\begin{cases}\nabla=\dfrac{\partial}{\partial x}+\dfrac{\partial}{\partial y}+\dfrac{\partial}{\partial z}=\dfrac{\partial}{\partial\xi}\\[2ex]\nabla^2=\dfrac{\partial^2}{\partial x^2}+\dfrac{\partial^2}{\partial y^2}+\dfrac{\partial^2}{\partial z^2}=\dfrac{\partial^2}{\partial\xi^2}\end{cases} \tag{4-29}$$

式(4-22)可以转化为：

$$c\varphi(1-s_{\mathrm{rg}}-s_{\mathrm{rw}})p_{\mathrm{e}}^{\lambda}\frac{\partial[(p_{\mathrm{g}}-p_{\mathrm{w}})^{-\lambda}]}{\partial\xi}-\frac{kk_{\mathrm{rw}}^{\max}p_{\mathrm{e}}^{\lambda N_{\mathrm{w}}}}{\mu_{\mathrm{w}}}\frac{\partial}{\partial\xi}\left[(p_{\mathrm{g}}-p_{\mathrm{w}})^{-\lambda N_{\mathrm{w}}}\cdot\frac{\partial p_{\mathrm{w}}}{\partial\xi}\right]=0 \tag{4-30}$$

式(4-30)可进一步简化为：

$$p_{\mathrm{g}}=p_{\mathrm{w}}+(Ap'_{\mathrm{w}})^{\frac{1}{\lambda(N_{\mathrm{w}}-1)}} \tag{4-31}$$

式中，

$$\begin{cases} A = \dfrac{kk_{\mathrm{rw}}^{\max} p_{\mathrm{e}}^{\lambda(N_{\mathrm{w}}-1)}}{c\mu_{\mathrm{w}}\varphi(1-s_{\mathrm{rg}}-s_{\mathrm{rw}})} \\ p'_{\mathrm{w}} = \dfrac{\partial p_{\mathrm{w}}}{\partial \xi} \end{cases} \tag{4-32}$$

最终式(4-23)可简化为：

$$\varphi[1-s_{\mathrm{rw}}-(1-s_{\mathrm{rg}}-s_{\mathrm{rw}})p_{\mathrm{e}}^{\lambda} \cdot (p_{\mathrm{g}}-p_{\mathrm{w}})^{-\lambda}]\frac{\partial p_{\mathrm{g}}}{\partial \xi} - \varphi(1-s_{\mathrm{rg}}-s_{\mathrm{rw}})p_{\mathrm{e}}^{\lambda} \cdot p_{\mathrm{g}}\frac{\partial[(p_{\mathrm{g}}-p_{\mathrm{w}})^{-\lambda}]}{\partial \xi} - \frac{kk_{\mathrm{rg}}^{\max}}{\mu_{\mathrm{g}}} \cdot \frac{\partial}{\partial \xi}\left\{\left[1-\left(\frac{p_{\mathrm{e}}}{p_{\mathrm{g}}-p_{\mathrm{w}}}\right)^{\lambda}\right]^{N_{\mathrm{g}}} \cdot p_{\mathrm{g}} \cdot \frac{\partial p_{\mathrm{g}}}{\partial \xi}\right\} - \frac{R_{\mathrm{sw}}kk_{\mathrm{rw}}^{\max}p_{\mathrm{e}}^{\lambda N_{\mathrm{w}}}}{\mu_{\mathrm{w}}} \cdot \frac{\partial}{\partial \xi}\left[(p_{\mathrm{g}}-p_{\mathrm{w}})^{-\lambda N_{\mathrm{w}}} \cdot p_{\mathrm{g}} \cdot \frac{\partial p_{\mathrm{w}}}{\partial \xi}\right] = 0 \tag{4-33}$$

为方便计算，用 $u(\xi)$ 替代 $p_{\mathrm{w}}(\xi)$，可得：

$$p_{\mathrm{w}}(\xi) = u(\xi) \tag{4-34}$$

将式(4-31)、式(4-34)代入式(4-33)可得：

$$\varphi c(1-s_{\mathrm{rw}})u'(\xi) - \varphi c(1-s_{\mathrm{rg}}-s_{\mathrm{rw}})p_{\mathrm{e}}^{\lambda}A^{\frac{1}{1-N_{\mathrm{w}}}}[u'(\xi)]^{\frac{2-N_{\mathrm{w}}}{1-N_{\mathrm{w}}}} + f[u(\xi),u'(\xi),u''(\xi)] = 0 \tag{4-35}$$

式中，

$$\begin{aligned} f[u(\xi),u'(\xi),u''(\xi)] =& \frac{\varphi c(1-s_{\mathrm{rg}}-s_{\mathrm{rw}})(\lambda-1)p_{\mathrm{e}}^{\lambda}A^{\frac{1-\lambda}{\lambda(N_{\mathrm{w}}-1)}}}{\lambda(N_{\mathrm{w}}-1)}[u'(\xi)]^{\frac{1-\lambda N_{\mathrm{w}}}{\lambda(N_{\mathrm{w}}-1)}}u''(\xi) - \\ & \frac{\varphi c(1-s_{\mathrm{rw}})A^{\frac{1}{\lambda(N_{\mathrm{w}}-1)}}}{\lambda(1-N_{\mathrm{w}})}[u'(\xi)]^{\frac{1-\lambda N_{\mathrm{w}}+\lambda}{\lambda(N_{\mathrm{w}}-1)}}u''(\xi) - \frac{\varphi c(1-s_{\mathrm{rg}}-s_{\mathrm{rw}})p_{\mathrm{e}}^{\lambda}A^{\frac{1}{1-N_{\mathrm{w}}}}}{1-N_{\mathrm{w}}}u(\xi)[u'(\xi)]^{\frac{N_{\mathrm{w}}}{1-N_{\mathrm{w}}}}u''(\xi) - \\ & \frac{kk_{\mathrm{rg}}^{\max}}{\mu_{\mathrm{g}}}\left\{1-p_{\mathrm{e}}^{\lambda}A^{\frac{1}{1-N_{\mathrm{w}}}}[u'(\xi)]^{\frac{1}{1-N_{\mathrm{w}}}}\right\}^{N_{\mathrm{g}}}\left\{u(\xi)u'(\xi)+[u'(\xi)]^2+\frac{A^{\frac{1}{\lambda(N_{\mathrm{w}}-1)}}(1-\lambda N_{\mathrm{w}}+\lambda)}{\lambda^2(N_{\mathrm{w}}-1)^2}u(\xi) \cdot \right. \\ & [u'(\xi)]^{\frac{1-2\lambda N_{\mathrm{w}}+2\lambda}{\lambda(N_{\mathrm{w}}-1)}}[u''(\xi)]^2 + \frac{A^{\frac{1}{\lambda(N_{\mathrm{w}}-1)}}}{\lambda(N_{\mathrm{w}}-1)}u(\xi)[u'(\xi)]^{\frac{1-\lambda N_{\mathrm{w}}+\lambda}{\lambda(N_{\mathrm{w}}-1)}}u'''(\xi) + \frac{A^{\frac{1}{\lambda(N_{\mathrm{w}}-1)}}(\lambda N_{\mathrm{w}}-\lambda+2)}{\lambda(N_{\mathrm{w}}-1)} \cdot \\ & [u'(\xi)]^{\frac{1}{\lambda(N_{\mathrm{w}}-1)}}u'''(\xi) + \frac{A^{\frac{2}{\lambda(N_{\mathrm{w}}-1)}}(2-\lambda N_{\mathrm{w}}+\lambda)}{\lambda^2(N_{\mathrm{w}}-1)^2}[u'(\xi)]^{\frac{2-2\lambda N_{\mathrm{w}}+2\lambda}{\lambda(N_{\mathrm{w}}-1)}}[u''(\xi)]^2 + \frac{A^{\frac{2}{\lambda(N_{\mathrm{w}}-1)}}}{\lambda(N_{\mathrm{w}}-1)}u(\xi) \cdot \\ & \left.[u'(\xi)]^{\frac{2-\lambda N_{\mathrm{w}}+\lambda}{\lambda(N_{\mathrm{w}}-1)}}u'''(\xi)\right\} - \frac{kk_{\mathrm{rg}}^{\max}p_{\mathrm{e}}^{\lambda}A^{\frac{1}{1-N_{\mathrm{w}}}}N_{\mathrm{g}}}{\mu_{\mathrm{g}}(1-N_{\mathrm{w}})}\left\{1-p_{\mathrm{e}}^{\lambda}A^{\frac{1}{1-N_{\mathrm{w}}}}[u'(\xi)]^{\frac{1}{1-N_{\mathrm{w}}}}\right\}^{N_{\mathrm{g}}-1}[u'(\xi)]^{\frac{N_{\mathrm{w}}}{1-N_{\mathrm{w}}}}u''(\xi) \cdot \\ & \left\{u(\xi)u'(\xi)+\frac{A^{\frac{1}{\lambda(N_{\mathrm{w}}-1)}}}{\lambda(N_{\mathrm{w}}-1)}u(\xi)[u'(\xi)]^{\frac{1-\lambda N_{\mathrm{w}}+\lambda}{\lambda(N_{\mathrm{w}}-1)}}u''(\xi)+A^{\frac{1}{\lambda(N_{\mathrm{w}}-1)}}[u'(\xi)]^{\frac{1+\lambda N_{\mathrm{w}}-\lambda}{\lambda(N_{\mathrm{w}}-1)}}+\frac{A^{\frac{2}{\lambda(N_{\mathrm{w}}-1)}}}{\lambda(N_{\mathrm{w}}-1)}u(\xi) \cdot [u'(\xi)]^{\frac{2-\lambda N_{\mathrm{w}}+\lambda}{\lambda(N_{\mathrm{w}}-1)}}u''(\xi)\right\} - \\ & \frac{R_{\mathrm{sw}}kk_{rw}^{\max}p_{\mathrm{e}}^{\lambda N_{\mathrm{w}}}A^{\frac{N_{\mathrm{w}}}{1-N_{\mathrm{w}}}}}{\mu_{\mathrm{w}}}\left\{\frac{u(\xi)[u'(\xi)]^{\frac{N_{\mathrm{w}}}{1-N_{\mathrm{w}}}}u''(\xi)}{1-N_{\mathrm{w}}}+[u'(\xi)]^{\frac{N_{\mathrm{w}}-2}{1-N_{\mathrm{w}}}}\right\} \end{aligned} \tag{4-36}$$

4.3.2 变分迭代法

用变分迭代法[115-116]求解非线性问题。该方法的主要优点是其可灵活地求解非线性方程组。其基本思想简介如下。

对如下广义偏微分方程：

$$L_{\xi}u + Nu = g(\xi) \tag{4-37}$$

式中　$L_{\xi}()$ ——一个关于 ξ 的线性算子；

$N()$——关于 u 的非线性算子。

方程的迭代格式如下：

$$u_{n+1}(\xi) = u_n(\xi) + \int_0^{\xi} \gamma(L_{\xi}u_n + Nu_n - g)\mathrm{d}s \tag{4-38}$$

式中　γ——变分理论定义下的拉格朗日算子。

$\delta u_n = 0$ 的情况下 u_n 是限制变分[30]。

因此方程的修正泛函为：

$$u_{n+1}(\xi) = u_n(\xi) + \int_0^{\xi} \gamma[L_{\xi}u_n(\omega) + Nu_n(\omega)]\mathrm{d}\omega \tag{4-39}$$

孔径分布指数和水的科里参数可由已发表文献得到[102]。本书中令 $N_w = 2, \lambda = 2$，方程的线性算子可写作

$$L_{\xi}u_n(\omega) = -\varphi c(1 - s_{rg} - s_{rw})p_e^2 A^{-1} - \left(\frac{kk_{rg}^{max}}{\mu_g} + \frac{R_{sw}kk_{rw}^{max}}{\mu_w}\right)p_e{}^4 A^{-2} + \frac{2kk_{rg}^{max}p_e{}^2A^{-1}}{\mu_g}u_n(\omega) + \varphi c(1 - s_{rw})u_n{}'(\omega) \tag{4-40}$$

对方程进行变分运算可得到如下形式：

$$\delta u_{n+1}(\xi) = \delta u_n(\xi) + \delta\int_0^{\xi} \gamma[L_{\xi}u_n(\omega) + Nu_n(\omega)]\mathrm{d}\omega = 0 \tag{4-41}$$

方程中的非线性项可以看作一个限制变分，可得限制变分项运算：

$$\delta[Nu_n(\omega)] = 0 \tag{4-42}$$

方程可转化为：

$$\delta u_{n+1}(\xi) = \delta u_n(\xi) + \delta\int_0^{\xi} \gamma\left\{\frac{2kk_{rg}^{max}p_e^2A^{-1}}{\mu_g}u_n(\omega) + \varphi c(1 - s_{rw})u_n{}'(\omega) - \varphi c(1 - s_{rg} - s_{rw})p_e^2A^{-1} - \left(\frac{kk_{rg}^{max}}{\mu_g} + \frac{R_{sw}kk_{rw}^{max}}{\mu_w}\right)p_e{}^4A^{-2} + Nu_n(\omega)\right\}\mathrm{d}\omega = 0 \tag{4-43}$$

式中，

$$\delta\left[-\varphi c(1 - s_{rg} - s_{rw})p_e^2A^{-1} - \left(\frac{kk_{rg}^{max}}{\mu_g} + \frac{R_{sw}kk_{rw}^{max}}{\mu_w}\right)p_e^4A^{-2}\right] = 0 \tag{4-44}$$

式(4-35)中的非线性算子 $Nu_n(\omega)$ 可写成：

$$Nu_n(\omega) = \frac{\varphi c(1 - s_{rg} - s_{rw})p_e^2A^{-\frac{1}{2}}}{2}[u'_n(\omega)]^{-\frac{3}{2}}u''_n(\omega) + \frac{\varphi c(1 - s_{rw})A^{\frac{1}{2}}}{2}[u'_n(\omega)]^{-\frac{1}{2}}u''_n(\omega) + \varphi c(1 - s_{rg} - s_{rw})p_e^2A^{-1}u_n(\omega)[u'_n(\omega)]^{-2}u''_n(\omega) - \frac{kk_{rg}^{max}}{\mu_g}\cdot\left\{[u'_n(\omega)]^2 + u_n(\omega)u'_n(\omega) + \frac{A^{\frac{1}{2}}}{4}u_n(\omega)\cdot[u'_n(\omega)]^{-\frac{3}{2}}[u''_n(\omega)]^2 + \frac{A^{\frac{1}{2}}}{2}u_n(\omega)[u'_n(\omega)]^{-\frac{1}{2}}u'''_n(\omega) + A^{\frac{1}{2}}[u'_n(\omega)]^{\frac{1}{2}}u''_n(\omega) + \frac{A}{2}u_n(\omega)u'''_n(\omega)\right\} + \frac{2kk_{rg}^{max}p_e^2A^{-1}}{\mu_g}\left\{[u'_n(\omega)]^2 + \frac{A}{2}u_n(\omega)u'''_n(\omega) + A^{\frac{1}{2}}[u'_n(\omega)]^{\frac{1}{2}}u''_n(\omega) + A^{\frac{1}{2}}[u'_n(\omega)]^{-\frac{1}{2}}u''_n(\omega) + u_n(\omega)[u'_n(\omega)]^{-1}u''_n(\omega) + \frac{A}{2}u_n(\omega)[u'_n(\omega)]^{-2}[u''_n(\omega)]^2 + \right.$$

$$\frac{A^{\frac{1}{2}}}{2}u_n(\omega)\left[u'_n(\omega)\right]^{-\frac{5}{2}}\left[u''_n(\omega)\right]^2+$$

$$\left.\frac{A^{\frac{1}{2}}}{4}u_n(\omega)\left[u'_n(\omega)\right]^{-\frac{3}{2}}\left[u''_n(\omega)\right]^2+\frac{A^{\frac{1}{2}}}{2}u_n(\omega)\left[u'_n(\omega)\right]^{-\frac{1}{2}}u'''_n(\omega)\right\}-$$

$$\frac{kk_{\mathrm{rg}}^{\max}p_{\mathrm{e}}^4A^{-2}}{\mu_{\mathrm{g}}}\left\{u_n(\omega)\left[u'_n(\omega)\right]^{-1}+3A^{\frac{1}{2}}\left[u'_n(\omega)\right]^{-\frac{3}{2}}u''_n(\omega)+\right.$$

$$2u_n(\omega)\left[u'_n(\omega)\right]^{-2}u''_n(\omega)+Au_n(\omega)\left[u'_n(\omega)\right]^{-3}u''_n(\omega)+$$

$$\frac{5A^{\frac{1}{2}}}{4}u_n(\omega)\left[u'_n(\omega)\right]^{-\frac{7}{2}}\left[u''_n(\omega)\right]^2+\frac{A^{\frac{1}{2}}}{2}u_n(\omega)\left[u'_n(\omega)\right]^{-\frac{5}{2}}u'''_n(\omega)+$$

$$\left.\frac{A}{2}u_n(\omega)\left[u'_n(\omega)\right]^{-2}u'''_n(\omega)\right\}+\frac{R_{\mathrm{sw}}kk_{\mathrm{rw}}^{\max}p_{\mathrm{e}}^4A^{-2}}{\mu_{\mathrm{w}}}u_n(\omega)\left[u'_n(\omega)\right]^{-2}u''_n(\omega)\mathrm{d}\omega \tag{4-45}$$

将式(4-42)、式(4-44)代入式(4-43)可得：

$$\delta u_{n+1}(\xi)=\delta u_n(\xi)+\delta\int_0^{\xi}\gamma\left\{\frac{2kk_{\mathrm{rg}}^{\max}p_{\mathrm{e}}^2A^{-1}}{\mu_{\mathrm{g}}}u_n(\omega)+\varphi c(1-s_{\mathrm{rw}})u'_n(\omega)\right\}\mathrm{d}\omega=0 \tag{4-46}$$

将式(4-32)代入式(4-46)可得：

$$\begin{aligned}\delta u_{n+1}(\xi)&=\delta u_n(\xi)+\delta\int_0^{\xi}\gamma\left[\frac{2\varphi c\mu_{\mathrm{w}}k_{\mathrm{rg}}^{\max}(1-s_{\mathrm{rg}}-s_{\mathrm{rw}})}{\mu_{\mathrm{g}}k_{\mathrm{rw}}^{\max}}u_n(\omega)+\varphi c(1-s_{\mathrm{rw}})u'_n(\omega)\right]\mathrm{d}\omega\\&=\delta u_n(\xi)+\varphi c(1-s_{\mathrm{rw}})\gamma(\omega)\,\delta u_n(\omega)\big|_{\omega=\xi}+\\&\quad\int_0^{\xi}\left[-\varphi c(1-s_{\mathrm{rw}})\gamma'(\omega)+\frac{2\varphi c\mu_{\mathrm{w}}k_{\mathrm{rg}}^{\max}(1-s_{\mathrm{rg}}-s_{\mathrm{rw}})}{\mu_{\mathrm{g}}k_{\mathrm{rw}}^{\max}}\gamma(\omega)\right]\delta u_n\mathrm{d}\omega=0\end{aligned} \tag{4-47}$$

由式(4-47)可得如下所示稳态条件：

$$\begin{cases}1+\varphi C(1-s_{\mathrm{rw}})\,\gamma(\omega)\big|_{\omega=\xi}=0\\-\varphi C(1-s_{\mathrm{rw}})\gamma'(\omega)+\dfrac{2\varphi C\mu_{\mathrm{w}}k_{\mathrm{rg}}^{\max}(1-s_{\mathrm{rg}}-s_{\mathrm{rw}})}{\mu_{\mathrm{g}}k_{\mathrm{rw}}^{\max}}\gamma(\omega)=0\end{cases} \tag{4-48}$$

由式(4-48)可以得到通解的拉格朗日算子 $\gamma(\omega)$：

$$\gamma(\omega)=C\mathrm{e}^{\frac{2\mu_{\mathrm{w}}k_{\mathrm{rg}}^{\max}(1-s_{\mathrm{rg}}-s_{\mathrm{rw}})}{\mu_{\mathrm{g}}k_{\mathrm{rw}}^{\max}(1-s_{\mathrm{rw}})}\omega} \tag{4-49}$$

由式(4-48)中第一式可得 C：

$$C=-\frac{1}{\varphi c(1-s_{\mathrm{rw}})}\mathrm{e}^{-\frac{2\mu_{\mathrm{w}}k_{\mathrm{rg}}^{\max}(1-s_{\mathrm{rg}}-s_{\mathrm{rw}})}{\mu_{\mathrm{g}}k_{\mathrm{rw}}^{\max}(1-s_{\mathrm{rw}})}\xi} \tag{4-50}$$

最终可得到拉格朗日算子：

$$\gamma=-\frac{1}{\varphi c(1-s_{\mathrm{rw}})}\mathrm{e}^{\frac{2\mu_{\mathrm{w}}k_{\mathrm{rg}}^{\max}(1-s_{\mathrm{rg}}-s_{\mathrm{rw}})}{\mu_{\mathrm{g}}k_{\mathrm{rw}}^{\max}(1-s_{\mathrm{rw}})}(\omega-\xi)} \tag{4-51}$$

于是可得到本章所研究非线性页岩储层结构中气-水两相压力的变分迭代解：

$$u_{n+1}(\xi)=u_n(\xi)-\int_0^{\xi}\mathrm{e}^{\frac{2\mu_{\mathrm{w}}k_{\mathrm{rg}}^{\max}(1-s_{\mathrm{rg}}-s_{\mathrm{rw}})}{\mu_{\mathrm{g}}k_{\mathrm{rw}}^{\max}(1-s_{\mathrm{rw}})}(\omega-\xi)}g_n(\omega)\mathrm{d}\omega \tag{4-52}$$

式中：

$$g_n(\omega)=-\varphi c(1-s_{\mathrm{rg}}-s_{\mathrm{rw}})p_{\mathrm{e}}^2A^{-1}-\left(\frac{kk_{\mathrm{rg}}^{\max}}{\mu_{\mathrm{g}}}+\frac{R_{\mathrm{sw}}kk_{\mathrm{rw}}^{\max}}{\mu_{\mathrm{w}}}\right)p_{\mathrm{e}}^4A^{-2}+\frac{2kk_{\mathrm{rg}}^{\max}p_{\mathrm{e}}^2A^{-1}}{\mu_{\mathrm{g}}}u_n(\omega)+\varphi c(1-s_{\mathrm{rw}})u'_n(\omega)+$$

$$\frac{\varphi c(1-s_{\mathrm{rg}}-s_{\mathrm{rw}})p_{\mathrm{e}}^2A^{-\frac{1}{2}}}{2}\left[u'_n(\omega)\right]^{\frac{-3}{2}}u''_n(\omega)+\frac{\varphi c(1-s_{\mathrm{rw}})A^{\frac{1}{2}}}{2}\left[u'_n(\omega)\right]^{-\frac{1}{2}}u''_n(\omega)+\varphi c(1-s_{\mathrm{rg}}-s_{\mathrm{rw}})$$

$$p_e^2A^{-1}u_n(\omega)[u'_n(\omega)]^{-2}u''_n(\omega)-\frac{kk_{rg}^{\max}}{\mu_g}\cdot\Big\{[u'_n(\omega)]^2+u_n(\omega)u'_n(\omega)+\frac{A^{\frac{1}{2}}}{4}u_n(\omega)\cdot[u'_n(\omega)]^{-\frac{3}{2}}[u''_n(\omega)]^2+$$
$$\frac{A^{\frac{1}{2}}}{2}u_n(\omega)[u'_n(\omega)]^{-\frac{1}{2}}u'''_n(\omega)+A^{\frac{1}{2}}[u'_n(\omega)]^{\frac{1}{2}}u''_n(\omega)+\frac{A}{2}u_n(\omega)u'''_n(\omega)\Big\}+\frac{2kk_{rg}^{\max}p_e^2A^{-1}}{\mu_g}\{[u'_n(\omega)]^2+$$
$$\frac{A}{2}u_n(\omega)u'''_n(\omega)+A^{\frac{1}{2}}[u'_n(\omega)]^{\frac{1}{2}}u''_n(\omega)+A^{\frac{1}{2}}[u'_n(\omega)]^{-\frac{1}{2}}u''_n(\omega)+u_n(\omega)[u'_n(\omega)]^{-1}u''_n(\omega)+$$
$$\frac{A}{2}u_n(\omega)[u'_n(\omega)]^{-2}[u''_n(\omega)]^2+\frac{A^{\frac{1}{2}}}{2}u_n(\omega)[u'_n(\omega)]^{-\frac{5}{2}}[u''_n(\omega)]^2+\frac{A^{\frac{1}{2}}}{4}u_n(\omega)[u'_n(\omega)]^{-\frac{3}{2}}[u''_n(\omega)]^2+$$
$$\frac{A^{\frac{1}{2}}}{2}u_n(\omega)[u'_n(\omega)]^{-\frac{1}{2}}u'''_n(\omega)\Big\}-\frac{kk_{rg}^{\max}p_e^4A^{-2}}{\mu_g}\{u_n(\omega)[u'_n(\omega)]^{-1}+2A^{\frac{1}{2}}[u'_n(\omega)]^{-\frac{3}{2}}u''_n(\omega)+$$
$$A^{\frac{1}{2}}[u'_n(\omega)]^{-\frac{3}{2}}u''_n(\omega)+2u_n(\omega)[u'_n(\omega)]^{-2}u''_n(\omega)+Au_n(\omega)[u'_n(\omega)]^{-3}u''_n(\omega)+A^{\frac{1}{2}}u_n(\omega)[u'_n(\omega)]^{-\frac{7}{2}}[u''_n(\omega)]^2+$$
$$\frac{A^{\frac{1}{2}}}{4}u_n(\omega)[u'_n(\omega)]^{-\frac{7}{2}}[u''_n(\omega)]^2+\frac{A^{\frac{1}{2}}}{2}u_n(\omega)[u'_n(\omega)]^{-\frac{5}{2}}u'''_n(\omega)+\frac{A}{2}u_n(\omega)[u'_n(\omega)]^{-2}u'''_n(\omega)\Big\}+$$
$$\frac{R_{sw}kk_{rw}^{\max}p_e^4A^{-2}}{\mu_w}u_n(\omega)[u'_n(\omega)]^{-2}u''_n(\omega) \tag{4-53}$$

4.4 气-水产能的迭代解析解

4.4.1 气-水两相压力解析解

可得到最终解析解如下：

① 水相压力

$$p_w(\xi)=u_1(\xi) \tag{4-54}$$

② 气相压力

$$p_g=u_1(\xi)+[Au'_1(\xi)]^{\frac{1}{\lambda(N_w-1)}} \tag{4-55}$$

4.4.2 页岩气产量的解析解

页岩气产量的定义为[176]：

$$\frac{d[G_p(t)]}{dt}=-\int(\frac{\varphi}{p_a}\frac{dp_g}{dt})dV \tag{4-56}$$

式中，$p_a=101.325$ kPa。

将式(4-55)代入式(4-56)可得到页岩气产量的最终形式：

$$\frac{d[G_{p_g}(t)]}{dt}=-\int_\Omega\left\{\frac{\varphi}{p_a}\frac{d(u_1(t)+[Au'_1(t)]^{\frac{1}{\lambda(N_w-1)}})}{dt}\right\}d\Omega \tag{4-57}$$

4.4.3 水产量的解析解

由达西定律可得到页岩气产量和水产量之间具有如下关系式[194]：

$$\frac{G_{p_g}}{G_{p_w}}=\frac{k_{rg}}{k_{rw}}\cdot\frac{\Delta p_g}{\Delta p_w}\cdot\frac{\mu_w}{\mu_g} \tag{4-58}$$

将式(4-57)代入式(4-58)可得到水产量的最终形式：

$$\frac{\mathrm{d}[G_{p_{\mathrm{w}}}(t)]}{\mathrm{d}t}=-\frac{k_{\mathrm{rw}}}{k_{\mathrm{rg}}}\cdot\frac{\mu_{\mathrm{g}}}{\mu_{\mathrm{w}}}\cdot\frac{\Delta p_{\mathrm{w}}}{\Delta p_{\mathrm{g}}}\cdot\int_{\Omega}\left\{\frac{\varphi}{p_{\mathrm{a}}}\frac{\mathrm{d}(u_1(t)+[Au'_1(t)]^{\frac{1}{\lambda(N_{\mathrm{w}}-1)}})}{\mathrm{d}t}\right\}\mathrm{d}\Omega \tag{4-59}$$

4.5 产能解析解的模型验证

本书所建立的全耦合模型描述了页岩气生产过程中气体的两相流动、毛细管压力、相对渗透率和溶解度等多物理场的相互作用过程。本节将对迭代解析解的收敛性进行研究。此外,对气-水产量的解析解与实际生产过程中反排阶段和长期生产两组现场数据进行了对比验证。

4.5.1 解析解的收敛性

下面对本章迭代解析解的收敛性进行验证。在收敛性的研究过程中平均相对误差定义如下:

$$\delta=\frac{\left(\frac{\mathrm{d}[G_p(t)]}{\mathrm{d}t}\right)_{n+1}-\left(\frac{\mathrm{d}[G_p(t)]}{\mathrm{d}t}\right)_n}{\left(\frac{\mathrm{d}[G_p(t)]}{\mathrm{d}t}\right)_{n+1}}\times 100\% \tag{4-60}$$

图 4-1 展示了平均相对误差与迭代次数之间的变化关系。第一次迭代之后平均相对误差为 0.241%,第二次迭代之后平均相对误差为 0.139%,第三次迭代之后平均相对误差为 0.087%。这就意味着所求得的页岩气产量的解析解是随着迭代次数收敛的。

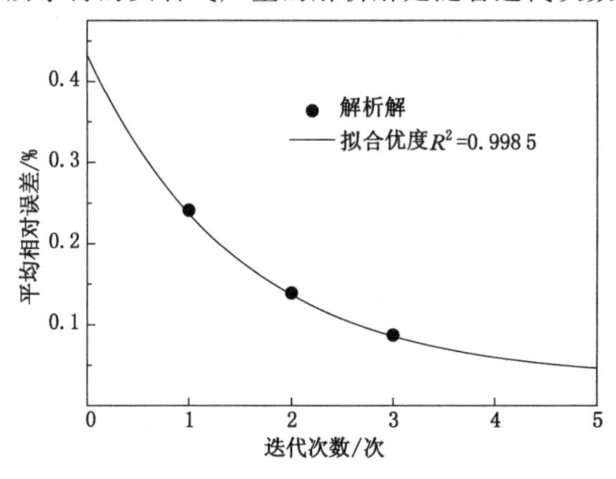

图 4-1 解析解收敛性的模型验证

4.5.2 返排阶段水-气产量的模型验证

页岩气井压裂后的早期时间与气-水两相流体压力的比值可作为返排数据[195]采集。本书获取了一套中国某页岩气藏工程现场的返排等阶段水-气产量数据[114]。表 4-1 列出了解析解中使用的计算参数。这些参数取自文献[102,114]中的数据。图 4-2(a)对比了现场生产数据、模型解析解和由 R. Yang 等的模型半解析解获得的页岩气产量。图 4-2(b)比较了其产水率。其中黑圆、黑线和虚线分别表示现场生产数据、模型的解析解和 R. Yang 等模型的半解析解。由图 4-2 可知:

表 4-1　中国某页岩气藏计算参数

参数	单位	数值	物理意义
S_{rg}		0.15	页岩气残余饱和度
S_{rw}		0.2	水残余饱和度
μ_w	Pa·s	3.6×10^{-4}	水的黏度
μ_g	Pa·s	2.0×10^{-5}	页岩气的黏度
c	m/s	5.3×10^{-6}	行波速度
λ		2	孔径分布指数
p_0	MPa	27.4	页岩气藏初始压力
p_1	MPa	19.67	井口压力
k_0	mD	0.1	裂隙区域初始渗透率
φ_0		0.18	初始孔隙度
p_e	MPa	2	进入毛细压力
k_{rw}^{max}		0.004	水末端相对渗透率
k_{rg}^{max}		1	页岩气末端相对渗透率
N_w		2	水相对渗透率相关参数
N_g		2	页岩气相对渗透率相关参数
R_{sw}		5.42	页岩气溶解度

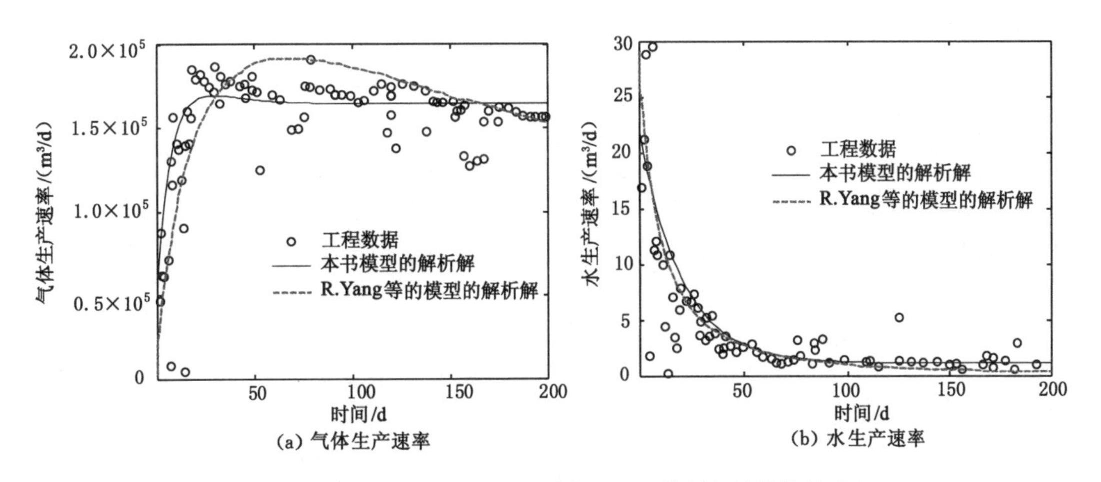

图 4-2　某中国页岩气井返排时期的工程数据与计算结果对比

首先，页岩气产量呈现先增大后减小的趋势。本章所建模型的产气量在第 24 天快速上升至峰值 1.69×10^5 m³/d，然后缓慢下降。另外，模型的产水率在前 50 天迅速从 22 m³/d 下降到 2.8 m³/d，然后在 50～200 天保持平稳。研究结果表明：模型的解析解与工程现场的页岩气和水的产量吻合较好。

其次，如图 4-2(a)所示，根据本书所建模型的预测结果，第 24 天的页岩气峰值产量为 1.69×10^5 m³/d，而 R. Yang 等的模型在第 55 天的半解析解为 1.91×10^5 m³/d。在上升阶段，本书模型的页岩气产量上升速度快于 R. Yang 等的模型。第 100 天，页岩气产量分别为

$1.86\times10^5\ m^3/d$ 和 $1.65\times10^5\ m^3/d$。相反，在衰退期，本书模型的页岩气产量下降速度慢于 R. Yang 等的模型。水产量方面，24 天后本书模型产量从 21.86 m^3/d 下降到 7.35 m^3/d，而 R. Yang 等的模型产量从 29.14 m^3/d 下降到 6.14 m^3/d[图 4-2(b)]，降幅分别为66.4% 和 78.9%。在 200 天的返排期内，本书所构建模型预测的产水率下降速度慢于 R. Yang 等的模型。两种模型之间的这些差异可能是由两相流的非线性项和气体在水中的溶解度引起的。这两个因素可能会对页岩气和水的产量产生重大影响。事实上这个非线性项代表了页岩气和水之间复杂的相互作用。同时，在降压过程中溶解气可能转变为游离气，导致本书模型在上升阶段页岩气产量的上升速度快于 R. Yang 等的模型。

4.5.3 长期生产过程中的模型验证

本小节将模型计算所得页岩气产量的解析解用于验证巴涅特水平井 314[195]的现场生产数据。由于文献中没有工程中水的产量，故本书没有对产水量进行模型验证。表 4-2 列出了巴涅特页岩的模型计算参数。在参考了 J. G. Wang 等[102]、W. Yu 等[185]的文献后，确定了本次分析所使用的油藏参数。行波速度也由储层长度和生产时间决定。页岩气生产的现场实际数据如图 4-3 中黑色圆圈所示。模型所得页岩气产量的解析解用黑色实线表示。该曲线在整个生产周期内与现场生产数据合理吻合。前 200 天页岩气产量下降了 70%左右。到生产的第 200 天，产气率达到 $6.3\times10^4\ m^3/d$，生产后期页岩气产量缓慢下降。在井底压力为 3.45 MPa 的情况下，生产后期的产气量也保持在 $1.6\times10^4\ m^3/d$ 左右。因此，本章所建立模型的解析解可以很好地预测页岩气的长期产气量。

表 4-2 巴涅特页岩气藏模型计算参数

参数	单位	数值	物理意义
S_{rg}		0.15	页岩气残余饱和度
S_{rw}		0.6	水残余饱和度
μ_w	Pa · s	3.6×10^{-4}	水的黏度
μ_g	Pa · s	2.0×10^{-5}	页岩气的黏度
c	m/s	1.2×10^{-6}	行波速度
λ		2	孔径分布指数
p_0	MPa	20.34	页岩气藏初始压力
p_1	MPa	3.45	井口压力
k_0	mD	5.0	裂隙区域初始渗透率
φ_0		0.2	初始孔隙度
p_e	MPa	2	进入毛细压力
k_{rw}^{max}		0.000 35	水末端相对渗透率
k_{rg}^{max}		1	页岩气末端相对渗透率
N_w		2	水相对渗透率相关参数
N_g		2	页岩气相对渗透率相关参数
R_{sw}		1.16	页岩气溶解度

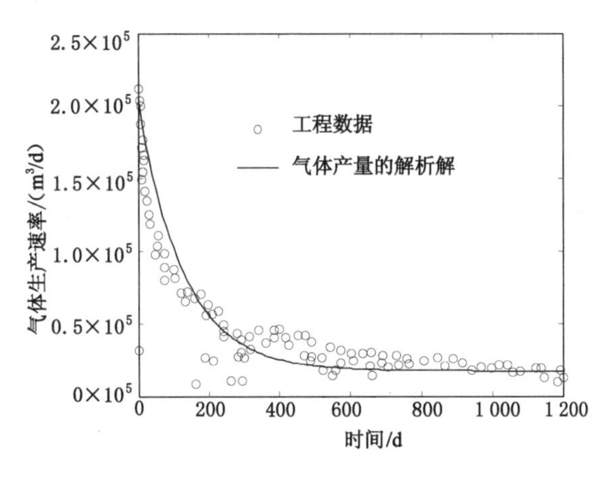

图 4-3　某水平巴涅特页岩气井的长期生产数据模型验证

4.6　模型参数敏感性分析

本章所建气-水两相流模型引入了页岩气的溶解度和毛细压力，而且在不忽略控制方程非线性项的基础上对两相流模型进行了迭代解析求解。本节分别分析了控制方程非线性项、页岩气溶解度以及毛细进入压力对页岩气产量的影响。在这些分析对比中，使用了来自巴涅特页岩井[191]的现场生产数据。

4.6.1　非线性项对产气速率的影响

图 4-4 比较了是否考虑非线性项时的产气率。第 200 天时，页岩气产量为 5.7×10^4 m^3/d（含非线性项）和 4.4×10^4 m^3/d（不含非线性项），在不受非线性项影响的情况下，天然气产量较初始产量分别下降 71.8%和 78.3%。第 1 200 天时，页岩气产量分别为 1.6×10^4 m^3/d（含非线性项）和 1.1×10^3 m^3/d（不含非线性项）。在不受非线性项影响的情况下，产气速率下降更快，最终产气速率更低。结合图 4-2，含非线性项的产气率与现场生产数据吻合较好。因此，在求解两相流控制方程的过程中，控制方程中非线性项是不可忽略的。

4.6.2　页岩气溶解度的影响

在标准温度和压力下，甲烷在水中的溶解度很低。在地质历史演化阶段，由于原生地质条件的影响，溶解度可能较大[104]。本节将研究页岩气溶解度对页岩气产量的影响。

页岩气溶解度分别取值 1.16，5.42，10^5。其中溶解度数值 1.16 和 5.42 取自 Fu 等[105]的试验数据。为了解页岩气溶解度对页岩气产量的影响，取了一个特殊的溶解度值 10^5。图 4-5 展示了产气速率随时间的下降趋势。在最初的 200 天内，3 种溶解度数值预测的页岩气产量都会迅速下降。当页岩气溶解度分别取值为 1.16 和 5.42 时，两条曲线的偏差不明显。当溶解度取值为 10^5 时，模型预测的页岩气产量曲线出现了明显不同。第 200 天时，3 种溶解度数值对应的页岩气产量分别为 5.6×10^4 m^3/d、5.6×10^4 m^3/d 和 5.2×10^4 m^3/d。第 1 200天时，页岩气产量分别为 1.6×10^4 m^3/d、1.6×10^4 m^3/d 和 1.1×10^4 m^3/d。在溶解度取值为 10^5 的情况下，产气阶段产气速率下降较快，生产后期产气速率较低。这说明当

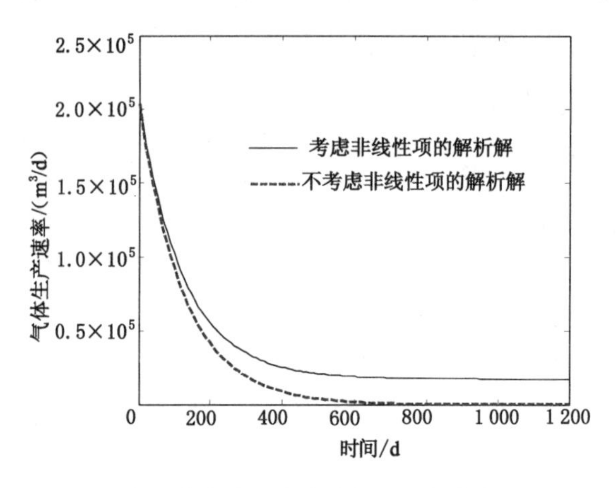

图 4-4　两相流控制方程中非线性项对气体产量的影响

页岩气在水中大量溶解时，页岩气溶解度会影响产气速率。因为在这种情况下，随着开采进行，溶解气体将转化为游离气体而生产出来。

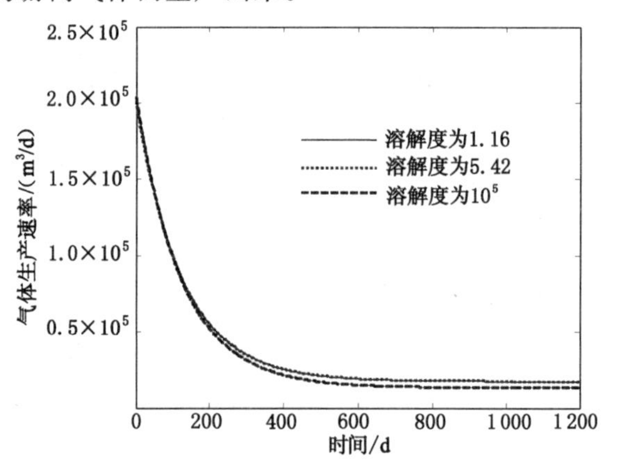

图 4-5　气体溶解度对气体生产速率的影响

4.6.3　毛细进入压力的影响

选取 3 种不同的毛细进入压力(1.5 MPa、2.0 MPa 和 2.5 MPa)来考察毛细进入压力对产气率的影响。页岩储层的初始压力为 20.34 MPa。图 4-6 显示了页岩气产量随时间的变化曲线。3 种不同的毛细进入压力对应的初始页岩气产量均为 2.02×10^5 m^3/d。第 200 天时，页岩气产量分别为 4.4×10^4 m^3/d、5.6×10^4 m^3/d 和 9.5×10^4 m^3/d，比初始采收率分别降低 53.1%、71.8%和 77.9%。第 1 200 天时，页岩气产量分别为 6.7×10^4 m^3/d、1.8×10^4 m^3/d 和 3.7×10^3 m^3/d。这些结果表明：毛细进入压力对页岩气的产量预测有重要影响。在相同的生产周期内，毛细进入压力越大，页岩气产量下降越快，生产后期的产量越低，这是因为较高的毛细压力会导致更多的气体更快地进入井筒。实际上，毛细进入压力影响的是本章所建两相流模型控制方程中的非线性项。毛细进入压力与施加的压差有关，决定了气体是移动还是“困”在水里[38]。当界面压力达到毛细进入压力时，气体开始与水产生相对运动，并产生耦合作用。此外，水的饱和度可以通过归一化饱和度，用毛细进入压力和实际毛细压力之间的关系式来表示。在两相流模型的控制方程中,非线性项来自于水与气的饱和度或水与气的压力耦合关系。

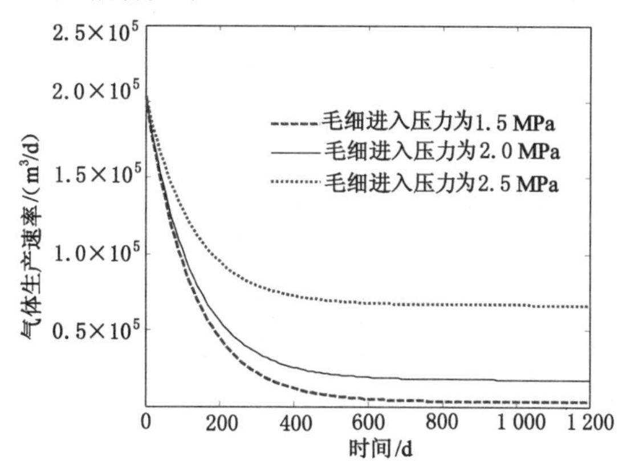

图 4-6　毛细进入压力对气体生产速率的影响

4.7　本章小结

本章首先考虑气体溶解度,建立了页岩气的气-水两相流动数学模型,然后用行波法和变分迭代法对该数学模型在不简化两相流控制方程中的非线性项情况下求得产量的迭代解析解。该解分别与巴涅特水平页岩气井及中国页岩气藏反排阶段和长期生产阶段的现场生产数据进行了比较,并分析了溶解度和毛细管进入压力对页岩气产量的影响。基于这些研究,可以得出以下结论:

(1) 两相流模型的控制方程中,是否考虑非线性项会导致两相流模型解析解结果相差较大。如果考虑两相流模型控制方程中非线性项的影响,页岩气的预测产量下降速度变慢,预测的页岩气总产量提高。

(2) 在页岩气溶解度不是很大的情况下,溶解度对巴涅特水平页岩气井生产的页岩气预测产量影响不大。但是当页岩气溶解度取值足够大(如10^5)时,气体溶解度对页岩气预测产量的影响很大。页岩气在水中的溶解度越大,页岩气生产速率下降越快,在生产后期产气速率越低。

(3) 毛细进入压力对页岩气的预测产量具有较大的影响。在本章计算案例中,高的毛细进入压力会导致页岩气产量快速下降,并且在相同的时间段内达到更低的页岩气产量。

5 页岩储层的热-气-水流动耦合机理分析

5.1 引言

针对页岩气注热增产、液氮致裂增产等工程问题，建立热-气-水耦合分析数学模型至关重要。许多学者已经研究了无对流的简单热传导模型、流体流动模型、水-热耦合模型、热-流-固耦合模型。然而这些模型并没有很好地考虑实际页岩储层结构中热-气-水两相流在非均质孔隙和裂隙中曲折流动路径的影响。基于此，在第 4 章建立的气-水两相渗流模型的研究基础上，本章首先提出了一个分数阶热-流耦合模型来描述页岩储层中的热传导行为。通过局部分数阶微积分理论和局部分数阶行波变换求解耦合方程组，得到了达西速度、流体温度的解析解，研究页岩储层的温度演化规律。紧接着，提出了一个分数阶热-气-水耦合分析模型，用分数阶时间和空间导数来描述热传导和两相流动行为之间的耦合关系，并应用分数阶行波法求解，得到气、水压力与气、水产量的解析表达式，与现场的气体产能进行了对比分析。

5.2 页岩储层的热传导规律

本节主要探究热量在页岩储层非均质孔隙与曲折裂隙中的传导规律。

在假设页岩储层中流体的流动为定常流动的基础上，本节从热传导与热对流两个方面具体描述热-流耦合作用。图 5-1 为热传导与热对流的示意图，高温流体从注入井流入，页岩气、水等流体从生产井产出。在从高温流体注入页岩气与水产出的过程中，流体与裂隙岩石之间通过热传导和热对流进行换热。

5.2.1 分数阶渗流控制方程

多孔介质中经典达西定律为：

$$v_{\mathrm{f}} = -\frac{k}{\mu}\nabla p \tag{5-1}$$

式中 v_{f} ——流体的达西速度；

k ——裂隙岩石的渗透率；

μ ——流体的黏度；

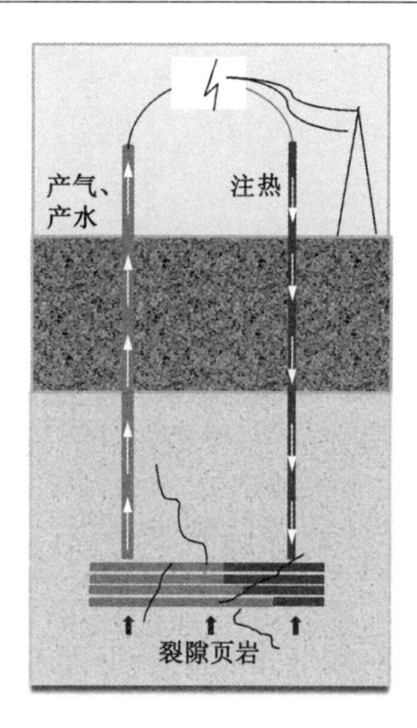

图 5-1 热传导与热对流的示意图

p ——流体的压力。

流体的实际流动路径是裂隙岩石中的迂曲裂隙。因此，流体流动路径是迂曲复杂的。为了表征流体运动的复杂性，引入流体的分数阶达西速度

$$v(x,t)=-\frac{k}{\mu}\frac{\partial^{\alpha}p(x,t)}{\partial x^{\alpha}} \tag{5-2}$$

式中 $\partial^{\alpha}(\ )/\partial x^{\alpha}$ —— α 分数阶的空间导数，且 $0<\alpha\leqslant 1$；

t ——时间。

相应地，分数阶质量守恒定律可以表示为：

$$\frac{\partial^{\alpha}m(x,t)}{\partial t^{\alpha}}+\frac{\partial^{\alpha}[\rho v(x,t)]}{\partial x^{\alpha}}=Q_{s} \tag{5-3}$$

式中 m ——流体的质量；

ρ ——流体的密度；

Q_s ——流体的源。

对于稳态流动，方程可以简化为：

$$\frac{\partial^{\alpha}[v(x,t)]}{\partial x^{\alpha}}=\frac{Q_{s}}{\rho} \tag{5-4}$$

$f(x)$ 的卡普托分数阶积分可定义为：

$${}_{a}J_{x}^{\alpha}f(x)=\frac{1}{\Gamma(\alpha)}\int_{a}^{x}(x-s)^{\alpha-1}f(s)\mathrm{d}s\quad(0\leqslant\alpha<1) \tag{5-5}$$

将式(5-5)代入式(5-4)可以得到：

$$v(x,t)=v_{0}-\frac{Q_{s}}{\rho\alpha\Gamma(\alpha)}\cdot x^{\alpha} \tag{5-6}$$

5.2.2 考虑热对流项的热传导方程

热传导与热对流作用相互耦合，并且与流体渗流速度相关，遵循经典形式的能量守恒

定律：

$$\frac{\partial(c_{eq}T)}{\partial t}+\nabla(-K_{eq}\nabla T)+K_{f}\alpha_{f}T\nabla\cdot v=Q_{T} \tag{5-7}$$

式中 c_{eq}——比热容；

T——温度；

K_{eq}——有效热传导系数；

K_{f}——流体的体积模量；

α_{f}——热膨胀系数；

Q_{T}——热源。

在分形多孔介质中，能量守恒定律的分数阶形式为：

$$\frac{c_{eq}\partial^{\alpha}[T(x,t)]}{\partial t^{\alpha}}-K_{eq}\frac{\partial^{2\alpha}[T(x,t)]}{\partial x^{2\alpha}}+K_{f}\alpha_{f}\frac{\partial^{\alpha}[v(x,t)]}{\partial x^{\alpha}}\cdot T(x,t)=Q_{T} \tag{5-8}$$

将式(5-4)代入式(5-8)可以得到：

$$\frac{c_{eq}\partial^{\alpha}[T(x,t)]}{\partial t^{\alpha}}-K_{eq}\frac{\partial^{2\alpha}[T(x,t)]}{\partial x^{2\alpha}}+\frac{K_{f}\alpha_{f}Q_{s}}{\rho}T(x,t)=Q_{T} \tag{5-9}$$

为了方便计算，式(5-9)可以简化为：

$$A\frac{\partial^{\alpha}[T(x,t)]}{\partial t^{\alpha}}-\frac{\partial^{2\alpha}[T(x,t)]}{\partial x^{2\alpha}}+BT(x,t)=0 \tag{5-10}$$

式中，

$$\begin{cases}A=\dfrac{c_{eq}}{K_{eq}}\\ B=\dfrac{K_{f}\alpha_{f}Q_{s}}{\rho K_{eq}}\\ Q_{T}=0\end{cases} \tag{5-11}$$

初始条件和边界条件如下：

$$T(x,0)=T_{0} \tag{5-12}$$

$$\begin{cases}T(0,t)=T_{0}\\ \dfrac{\partial^{\alpha}T(R,t)}{\partial x^{\alpha}}=q_{0}\end{cases} \tag{5-13}$$

综上，含热对流项的热传导模型可以表示为：

$$\begin{cases}A\dfrac{\partial^{\alpha}[T(x,t)]}{\partial t^{\alpha}}-\dfrac{\partial^{2\alpha}[T(x,t)]}{\partial x^{2\alpha}}+BT(x,t)=0\\ T(x,0)=T_{0}\\ T(0,t)=T_{0}\\ \dfrac{\partial^{\alpha}T(R,t)}{\partial x^{\alpha}}=q_{0}\end{cases} \tag{5-14}$$

式(5-14)中 $t>0,0<x<R$。

5.2.3 分数阶热传导方程的解析解

为了求解式(5-14)，借鉴 4.2.1 节中提到的行波变换概念，引入局部分数阶形式的行波变换[127]：

$$\theta^{\alpha} = x^{\alpha} - ct^{\alpha} \tag{5-15}$$

令 $T(\theta)=T(x,t)$，可以得到：

$$\frac{\partial^{\alpha} T(x,t)}{\partial x^{\alpha}} = \frac{\partial^{\alpha} T}{\partial \theta^{\alpha}} \left(\frac{\partial \theta}{\partial x}\right)^{\alpha} = \frac{\partial^{\alpha} T}{\partial \theta^{\alpha}} \tag{5-16}$$

$$\frac{\partial^{2\alpha} T(x,t)}{\partial x^{2\alpha}} = \frac{\partial^{2\alpha} T}{\partial \theta^{2\alpha}} \tag{5-17}$$

$$\frac{\partial^{\alpha} T(x,t)}{\partial t^{\alpha}} = \frac{\partial^{\alpha} T}{\partial \theta^{\alpha}} \left(\frac{\partial \theta}{\partial t}\right)^{\alpha} = -\varphi \frac{\partial^{\alpha} T}{\partial \theta^{\alpha}} \tag{5-18}$$

将式(5-17)、式(5-18)代入式(5-10)可以得到：

$$A\varphi \frac{\mathrm{d}^{\alpha} T(\theta)}{\mathrm{d}\theta^{\alpha}} + \frac{\mathrm{d}^{2\alpha} T(\theta)}{\mathrm{d}\theta^{2\alpha}} - BT(\theta) = 0 \tag{5-19}$$

于是可以求得温度的解析解：

$$T(\theta) = \gamma E_{\alpha}(\chi\theta^{\alpha}) \tag{5-20}$$

式中　γ,χ——常数。

米塔奇-莱弗勒函数定义为：

$$E_{\alpha}(\theta^{\alpha}) = \sum_{i=0}^{n} \frac{\theta^{i\alpha}}{\Gamma(1+i\alpha)} \tag{5-21}$$

当 $\gamma=2,\chi=1$ 时，可以得到温度的变化曲线如图 5-2 所示。

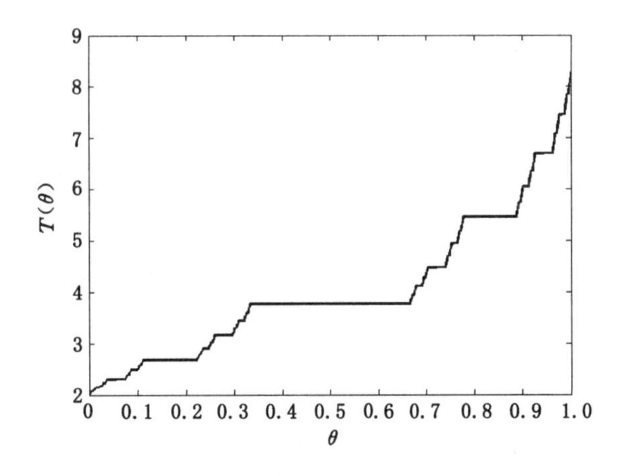

图 5-2　$\gamma=2,\chi=1$ 时温度的变化曲线

当 $\gamma=2,\chi=2$ 时，可以得到温度的变化曲线如图 5-3 所示。

由图 5-2 和图 5-3 可知：当 γ 值不变时，χ 值越大，温度上升越快，同一个位置处同一时间内达到的温度越高。

将方程式

$$\frac{\mathrm{d}^{\alpha} T(\theta)}{\mathrm{d}\theta^{\alpha}} = \frac{\mathrm{d}^{\alpha}}{\mathrm{d}\theta^{\alpha}}\left[\gamma E_{\alpha}(\chi\theta^{\alpha})\right] = \gamma\chi E_{\alpha}(\chi\theta^{\alpha}) \tag{5-22}$$

和

$$\frac{\mathrm{d}^{2\alpha} T(\theta)}{\mathrm{d}\theta^{2\alpha}} = \frac{\mathrm{d}^{2\alpha}}{\mathrm{d}\theta^{2\alpha}}\left[\gamma E_{\alpha}(\chi\theta^{\alpha})\right] = \gamma\chi^{2} E_{\alpha}(\chi\theta^{\alpha}) \tag{5-23}$$

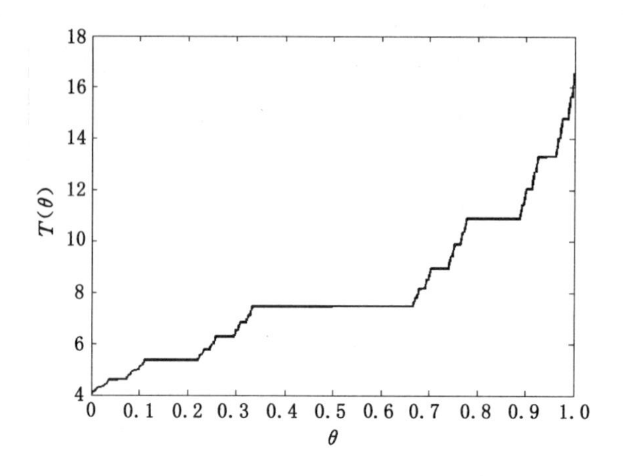

图 5-3　$\gamma=2,\chi=2$ 时温度的变化曲线

代入式(5-19)可得：

$$A\varphi\gamma\chi E_{\alpha}(\chi\theta^{\alpha})+\gamma\chi^{2}E_{\alpha}(\chi\theta^{\alpha})-\gamma E_{\alpha}(\chi\theta^{\alpha})=0 \tag{5-24}$$

可以得到特征值的方程为：

$$\chi^{2}+A\varphi\chi-1=0 \tag{5-25}$$

对式(5-25)求解可得：

$$\chi=\frac{-A\varphi\pm\sqrt{A^{2}\varphi^{2}+4}}{2} \tag{5-26}$$

综合式(5-15)、式(5-20)与式(5-26)可以得到页岩储层中温度在热传导与热对流耦合作用下的解析解：

$$T_{1}(x,t)=\gamma E_{\alpha}\left[-\frac{A\varphi-\sqrt{A^{2}\varphi^{2}+4}}{2}(x^{\alpha}-\varphi t^{\alpha})\right] \tag{5-27}$$

和

$$T_{2}(x,t)=\gamma E_{\alpha}\left[-\frac{A\varphi+\sqrt{A^{2}\varphi^{2}+4}}{2}(x^{\alpha}-\varphi t^{\alpha})\right] \tag{5-28}$$

本节以分数阶热传导模型解析解为基础，讨论页岩气开采过程中热传导与热对流耦合作用下的温度变化。图 5-4 为热传导与热对流耦合作用下温度的时空变化曲线。如图 5-4 所示，由于高温流体从注热井向生产井流动，离生产井的距离越近，页岩储层的温度越低。而随着注热时间的增加，页岩储层的整体温度呈现逐渐增加的趋势。

5.3　页岩储层中热-气-水耦合渗流规律

5.3.1　分数阶热-气-水耦合渗流控制方程

在多孔页岩储层中，热传导过程遵循如下能量守恒定律[127]。

对于气相来说：

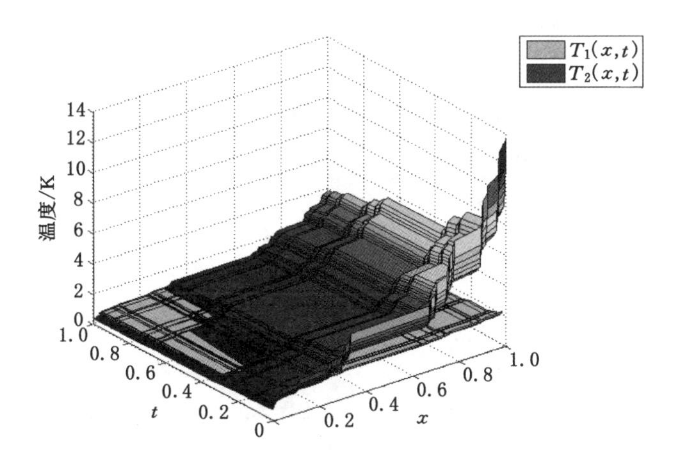

图 5-4 $\gamma = A = c = 1$ 时页岩储层温度的变化曲线

$$\frac{c_{\mathrm{eq,g}}\partial^{\alpha}[T_{\mathrm{g}}(x,t)]}{\partial t^{\alpha}} - K_{\mathrm{eq,g}}\frac{\partial^{2\alpha}[T_{\mathrm{g}}(x,t)]}{\partial x^{2\alpha}} = Q_T \tag{5-29}$$

对于水相来说：

$$\frac{c_{\mathrm{eq,w}}\partial^{\alpha}[T_{\mathrm{w}}(x,t)]}{\partial t^{\alpha}} - K_{\mathrm{eq,w}}\frac{\partial^{2\alpha}[T_{\mathrm{w}}(x,t)]}{\partial x^{2\alpha}} = Q_T \tag{5-30}$$

空间局部分数阶维数 α 定义为：

$$\nabla^{\alpha} = \frac{\partial^{\alpha}}{\partial x^{\alpha}} \tag{5-31}$$

式中 $c_{\mathrm{eq,g}}, c_{\mathrm{eq,w}}$ ——含气体和水的比热容；

$T_{\mathrm{g}}, T_{\mathrm{w}}$ ——气体和水的温度；

$K_{\mathrm{eq,g}}, K_{\mathrm{eq,w}}$ ——气体和水的有效热传导系数；

t ——时间；

Q_T ——热源；

α ——多孔介质的分数阶维数，$0 < \alpha \leqslant 1$。

分数阶两相流方程可写成如下形式。

分数阶质量守恒方程为[196]：

$$\frac{\partial^{\alpha} m(x,t)}{\partial t^{\alpha}} - \nabla^{\alpha}[\rho \cdot v(x,t)] = Q_{\mathrm{s}} \tag{5-32}$$

式中 m ——流体质量；

ρ ——流体密度；

Q_{s} ——流体源。

对于气相来说：

$$\frac{\partial^{\alpha}[\varphi s_{\mathrm{g}}\rho_{\mathrm{g}}(x,t)]}{\partial t^{\alpha}} + \nabla^{\alpha}[\rho_{\mathrm{g}}(x,t) \cdot v_{\mathrm{g}}(x,t)] = Q_{\mathrm{g}} \tag{5-33}$$

对于水相来说：

$$\frac{\partial^{\alpha}(\varphi s_{\mathrm{w}}\rho_{\mathrm{w}})}{\partial t^{\alpha}} + \nabla^{\alpha}[\rho_{\mathrm{w}} v_{\mathrm{w}}(x,t)] = \frac{Q_{\mathrm{w}}}{\rho_{\mathrm{w}}} \tag{5-34}$$

式中　φ——岩石储层的孔隙度；

ρ_w,ρ_g——地层条件下水和气体的密度；

Q_g,Q_w——气体和水的源的强度(质量大小)；

s_g,s_w——气体和水的溶解度,且

$$s_g+s_w=1 \tag{5-35}$$

水是微可压缩流体,所以水的密度 ρ_w 可视为常数,而气体的密度 ρ_g 满足第 4 章所列气体状态方程。

岩层内部的流体流动路径是迂曲的,因此流体的流动具有统计自相似的分形特征并且满足分数阶达西定律[102,197]：

$$\varphi s_g v_g=-\frac{kk_{rg}}{\mu_g}\nabla^\alpha p_g \tag{5-36}$$

$$\varphi s_w v_w=-\frac{kk_{rw}}{\mu_w}\nabla^\alpha p_w \tag{5-37}$$

式中　v_g,v_w——气体和水的速度；

k——绝对渗透率；

k_{rg},k_{rw}——气体和水的相对渗透率；

μ_g,μ_w——气体和水的黏度；

p_g,p_w——气体和水的压力。

将式(5-36)和式(4-11)代入式(5-33)可得到分形多孔介质中气体流动的控制方程：

$$\frac{p_gM}{ZRT}S\frac{\partial^\alpha p_g}{\partial t^\alpha}+\nabla^\alpha\cdot\frac{p_gM}{ZRT_g}\left(-\frac{kk_{rg}}{\mu_g}\nabla^\alpha p_g\right)=Q_g \tag{5-38}$$

式中　S——煤层气储存系数[198]。

$$S=\left(\frac{\varphi s_g}{\rho_g}\right)\left(\frac{\partial\rho_g}{\partial p_g}\right)+\frac{\partial(\varphi s_g)}{\partial p_g} \tag{5-39}$$

将式(5-37)代入式(5-34)可得到水流动的控制方程：

$$\nabla^\alpha\cdot\left(-\frac{kk_{rw}}{\mu_w}\nabla^\alpha p_w\right)=Q_w \tag{5-40}$$

5.3.2　温度的解析求解

在本小节中,重点求解 5.3.1 中所建立的热-气-水耦合模型的温度及页岩气和水的压力的分数阶行波解。

首先做如下行波变换(C 是常数)[127]：

$$\theta^\alpha=x^\alpha-Ct^\alpha \tag{5-41}$$

令 $p_g(\theta)=p_g(x,t)$,有如下变换：

$$\begin{cases}\dfrac{\partial^\alpha p_g(x,t)}{\partial x^\alpha}=\dfrac{\partial^\alpha p_g}{\partial\theta^\alpha}\left(\dfrac{\partial\theta}{\partial x}\right)^\alpha=\dfrac{\partial^\alpha p_g}{\partial\theta^\alpha}\\[2ex]\dfrac{\partial^{2\alpha}p_g(x,t)}{\partial x^{2\alpha}}=\dfrac{\partial^{2\alpha}p_g}{\partial\theta^{2\alpha}}\end{cases} \tag{5-42}$$

并且

$$\frac{\partial^\alpha p_g(x,t)}{\partial t^\alpha}=\frac{\partial^\alpha p_g}{\partial\theta^\alpha}\left(\frac{\partial\theta}{\partial t}\right)^\alpha=-C\frac{\partial^\alpha p_g}{\partial\theta^\alpha} \tag{5-43}$$

类似的，令 $T(\theta)=T(x,t)$，则有：

$$\begin{cases}\dfrac{\partial^{\alpha}T(x,t)}{\partial x^{\alpha}}=\dfrac{\partial^{\alpha}T}{\partial\theta^{\alpha}}\left(\dfrac{\partial\theta}{\partial x}\right)^{\alpha}=\dfrac{\partial^{\alpha}T}{\partial\theta^{\alpha}}\\ \dfrac{\partial^{2\alpha}T(x,t)}{\partial x^{2\alpha}}=\dfrac{\partial^{2\alpha}T}{\partial\theta^{2\alpha}}\end{cases}\tag{5-44}$$

并且

$$\frac{\partial^{\alpha}T(x,t)}{\partial t^{\alpha}}=\frac{\partial^{\alpha}T}{\partial\theta^{\alpha}}\left(\frac{\partial\theta}{\partial t}\right)^{\alpha}=-C\frac{\partial^{\alpha}T}{\partial\theta^{\alpha}}\tag{5-45}$$

为方便计算，方程可简化为：

$$\frac{c_{\mathrm{eq,g}}}{K_{\mathrm{eq,g}}}\cdot\frac{\partial^{\alpha}[T_{\mathrm{g}}(x,t)]}{\partial t^{\alpha}}-\frac{\partial^{2\alpha}[T_{\mathrm{g}}(x,t)]}{\partial x^{2\alpha}}=0\tag{5-46}$$

对于气相来说，行波变换可用于求解温度[127]：

$$T_{\mathrm{g}}(x,t)=\gamma_{T_0}E_{\alpha}\left(-\frac{c_{\mathrm{eq,g}}}{K_{\mathrm{eq,g}}}C\theta^{\alpha}\right)\tag{5-47}$$

式中 γ_{T_0}——常数。

$$\gamma_{T_0}=\gamma_T T_0\tag{5-48}$$

求解过程中分数阶米特-莱弗函数可定义为[17]：

$$E_{\alpha}(\theta^{\alpha})=\sum_{i=0}^{n}\frac{\theta^{i\alpha}}{\Gamma(1+i\alpha)}\tag{5-49}$$

类似的，对于水相来说，应用行波变换可得到温度解[127]：

$$T_{\mathrm{w}}(x,t)=\gamma_{T_0}E_{\alpha}\left(-\frac{c_{\mathrm{eq,w}}}{K_{\mathrm{eq,w}}}C\theta^{\alpha}\right)\tag{5-50}$$

5.3.3 气-水两相流的压力解析解

将式(5-42)和式(5-43)代入式(5-38)可得到有关气体压力的控制方程：

$$\frac{-p_{\mathrm{g}}MCS}{ZRT_{\mathrm{g}}}\frac{\partial^{\alpha}p_{\mathrm{g}}}{\partial\theta^{\alpha}}+\frac{\partial^{\alpha}}{\partial\theta^{\alpha}}\cdot\left[\frac{p_{\mathrm{g}}M}{ZRT}\left(-\frac{kk_{\mathrm{rg}}}{\mu_{\mathrm{g}}}\frac{\partial^{\alpha}p_{\mathrm{g}}}{\partial\theta^{\alpha}}\right)\right]=Q_{\mathrm{g}}\tag{5-51}$$

式(5-51)整理后为：

$$-CSU+\frac{\partial^{\alpha}}{\partial\theta^{\alpha}}\cdot\left(-\frac{kk_{\mathrm{rg}}}{\mu_{\mathrm{g}}}U\right)=Q_{\mathrm{g}}\tag{5-52}$$

式中，

$$U(\theta)=\frac{p_{\mathrm{g}}M}{ZRT_{\mathrm{g}}}\frac{\partial^{\alpha}p_{\mathrm{g}}}{\partial\theta^{\alpha}}\tag{5-53}$$

根据文献[199]中概念，解的形式可写成：

$$U(\theta)=\gamma_{p_{\mathrm{g0}}}E_{\alpha}(\chi\theta^{\alpha})\tag{5-54}$$

式中 γ_{p_0}，χ——常数。

类似的，γ_{p_0} 可表达为：

$$\gamma_{p_0}=\gamma_{\mathrm{p}}p_0\tag{5-55}$$

将方程式

$$\frac{\mathrm{d}^{\alpha}U(\theta)}{\mathrm{d}\theta^{\alpha}}=\frac{\mathrm{d}^{\alpha}}{\mathrm{d}\theta^{\alpha}}[\gamma_{p_0}E_{\alpha}(\chi\theta^{\alpha})]=\gamma_{p_0}\chi E_{\alpha}(\chi\theta^{\alpha})\tag{5-56}$$

代入式(5-52)可得：

$$-SC\gamma E_\alpha(\chi\theta^\alpha)-\frac{kk_{rg}}{\mu_g}\gamma_{p_0}\chi E_\alpha(\chi\theta^\alpha)=0 \tag{5-57}$$

式(5-57)可简化为：

$$-SC-\frac{kk_{rg}}{\mu_g}\chi=0 \tag{5-58}$$

综合式(5-53)和式(5-58)可得到气体压力偏微分方程的行波解：

$$U(x,t)=\gamma_{p_0}E_\alpha\left(-\frac{\mu_g SC}{kk_{rg}}\theta^\alpha\right) \tag{5-59}$$

将式(5-59)代入式(5-53)可得：

$$\frac{p_g\partial^\alpha p_g}{\partial\theta^\alpha}=\frac{ZRT_g\gamma_{p_0}}{M}E_\alpha\left(-\frac{\mu_g SC}{kk_{rg}}\theta^\alpha\right) \tag{5-60}$$

将式(5-47)代入式(5-60)可得：

$$\frac{p_g\partial^\alpha p_g}{\partial\theta^\alpha}=\frac{ZR\gamma_{T_0}\gamma_{p_0}}{M}E_\alpha\left(-\frac{c_{eq}}{K_{eq}}C\,\theta^\alpha\right)E_\alpha\left(-\frac{\mu_g SC}{kk_{rg}}\theta^\alpha\right) \tag{5-61}$$

式(5-61)可转化为[197]：

$$\frac{\partial^\alpha\left(\frac{p_g^2}{2}\right)}{\partial\theta^\alpha}=\frac{ZR\gamma_{T_0}\gamma_{p_0}}{M}E_\alpha\left[-\left(\frac{c_{eq}C}{K_{eq}}+\frac{\mu_g SC}{kk_{rg}}\right)\theta^\alpha\right] \tag{5-62}$$

局部分数阶积分 $f(x)$ 可定义为[197]：

$${}_aI_x^{(\alpha)}f(x)=\frac{1}{\Gamma(1+\alpha)}\int_a^x f(s)\,(\mathrm{d}s)^\alpha\quad(0\leqslant\alpha<1) \tag{5-63}$$

将式(5-63)代入式(5-62)可得：

$$\frac{p_g^2}{2}=\frac{ZR\gamma_{T_0}\gamma_{p_0}}{M}E_\alpha\left[-\left(\frac{C_{eq}c}{K_{eq}}+\frac{\mu_g SC}{kk_{rg}}\right)\cdot\frac{\theta^{2\alpha}}{2\Gamma(1+\alpha)}\right] \tag{5-64}$$

最终可得到气相压力的分数阶解析解：

$$p_g=\sqrt{\frac{ZR\gamma_{T_0}\gamma_{p_0}}{M}E_\alpha\left[-\left(\frac{c_{eq}C}{K_{eq}}+\frac{\mu_g SC}{kk_{rg}}\right)\cdot\frac{\theta^{2\alpha}}{\Gamma(1+\alpha)}\right]} \tag{5-65}$$

由方程式(5-40)可得水相压力的解析解：

$$p_w=\frac{Q_w\mu_w}{kk_{rw}}\cdot\frac{\theta^{2\alpha}}{2\Gamma^2(1+\alpha)} \tag{5-66}$$

5.3.4 气-水两相流的产能解析表达式

类似于整数阶求解过程，对于气相来说，可以由分数阶热-气-水耦合渗流控制方程得到产气速率[194]：

$$\frac{\mathrm{d}^\alpha[G_{p_g}(t)]}{\mathrm{d}t^\alpha}=-\int_\Omega\left(\frac{\varphi}{p_a}\frac{\mathrm{d}^\alpha p_g}{\mathrm{d}t^\alpha}\right)\mathrm{d}v \tag{5-67}$$

对于水相来说：

$$\frac{\mathrm{d}^\alpha[G_{p_w}(t)]}{\mathrm{d}t^\alpha}=-\int_\Omega\left(\frac{\varphi}{p_a}\frac{\mathrm{d}^\alpha p_w}{\mathrm{d}t^\alpha}\right)\mathrm{d}v \tag{5-68}$$

式中，标准大气压下压力 $p_a=101.3$ kPa。

5.3.5　气体产能模型验证

在验证本节所建立的页岩储层中热-气-水两相耦合渗流模型的解析解准确性时，由于页岩气注热增产技术尚未在实际工程中得到应用，所以目前还没有可用来参照的页岩气注热增产的气-水产量数据。为方便比对本节所建模型的气体与水产量解析解的正确性，本小节应用了樊庄区块南区 NO.1 煤层气井现场的气、水产量数据[126]进行气、水产量对比。主要计算参数见表 5-1，计算参数取自 S. Li 等[126]的生产现场数据。

表 5-1　NO.1 煤层气井的计算参数

参数	单位	数值	物理意义
$C_{eq,g}$	J/(K·kg)	2 160	气体的比热容
$C_{eq,w}$	J/(K·kg)	4 200	水的比热容
$K_{eq,g}$	W/(m·K)	0.031	气体的热传导系数
$K_{eq,w}$	W/(m·K)	0.598	水的热传导系数
μ_w	Pa·s	1.01×10^{-3}	水的黏度
μ_g	Pa·s	1.84×10^{-5}	气体的黏度
φ		0.01	孔隙度
v	m/s	6×10^{-1}	行波波速
α		0.35	分数阶维数
γ_{T0}		0.002	温度系数
T_0	K	312.5	初始注入温度
γ_{p0}		0.14	压力系数
p_0	MPa	5.24	初始平均压力
k_0	mD	0.5	初始渗透率
k_{rw}		1	水的相对渗透率
k_{rg}		0.756	气体的相对渗透率
S		5×10^{-6}	气体的储存系数
Z		1	气体的压缩因子
R	J/(mol·K)	8.314	普适气体常数
M		16.042 5	气体摩尔质量

利用 NO.1 煤层气井的产气量和产水量数据对本节所得分数阶解析解进行验证。产气速率的工程数据与计算结果如图 5-5(a)所示。图 5-5(b)为产水速率的工程数据与计算结果的对比。由图 5-5 可知：NO.1 煤层气井的产气量随时间先增大后减小。值得注意的是，产气初期气体流量迅速增大，第 276 天时达到最大值 1 050 m^3/d，然后缓慢下降。而在前 273 天，产水率由 2.5 m^3/d 迅速下降至 0.15 m^3/d，并逐渐下降。现场数据的产气/产水速

率数据与分数阶解析解的曲线对比表明本节所得到的分数阶解析解是准确和精确的。

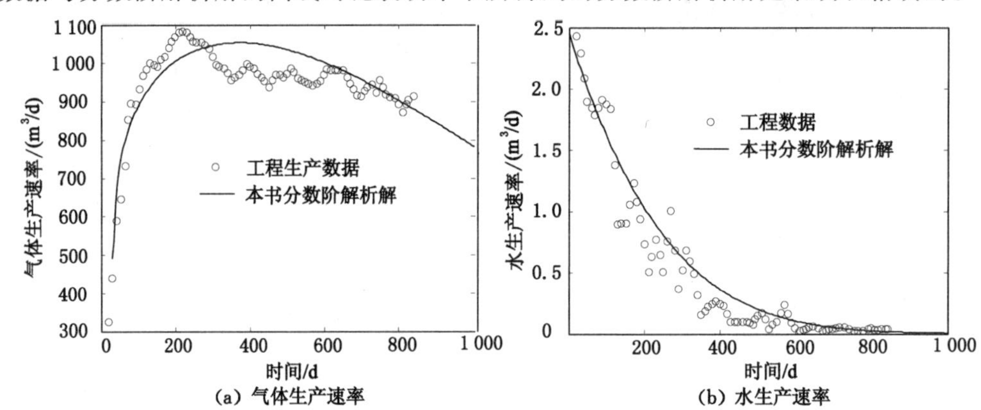

图 5-5　产气/产水速率的计算结果与 NO.1 煤层气井工程数据对比

将本节模型求解得到的分数阶解析解与美国 EL PASO 勘探生产公司[200]的现场产气数据进行了对比，这些产气数据是在恒温条件下获得的。表 5-2 列出了计算参数。

表 5-2　模型的计算参数

参数	单位	数值	物理意义
$C_{eq,g}$	J/（K·kg）	2 260	气体的比热容
$K_{eq,g}$	W/（m·K）	0.031	气体的热传导系数
μ_w	Pa·s	3.6×10^{-4}	水的黏度
μ_g	Pa·s	1.85×10^{-5}	气体的黏度
φ		0.01	孔隙度
c	m/s	6×10^{-6}	行波波速
α		0.35	分数阶维数
γ_{T0}		0.002 5	温度相关系数
T_0	K	298	初始注入温度
γ_{p0}		0.15	压力相关系数
p_0	MPa	4.82	初始平均压力
p_1	MPa	3.45	井底压力
k_0	mD	5	裂隙区块初始渗透率
k_{rw}		0.8	水的相对渗透率
k_{rg}		0.9	气体的相对渗透率
S		5×10^{-6}	气体储存系数
Z		1	气体压缩因子
R	J/（mol·K）	8.314	普适气体常数
M		16.042 5	气体摩尔质量

美国 EL PASO 勘探和生产公司的现场实际产气数据如图 5-6 中的黑色圆圈所示，黑色

实线是对应于由本书得到的分数阶解析解。如图 5-6 所示,计算曲线与现场生产数据吻合较好。解析解分析得到的产气率与实际生产的工程数据吻合良好,证明本节所获得的模型解析解是准确且有效的。

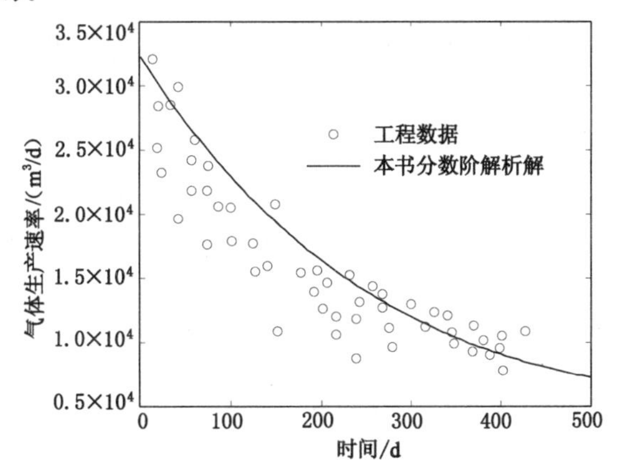

图 5-6 计算结果与美国 EL PASO 勘探和生产公司的现场产气速率[186]对比

5.4 影响气体产能的因素分析

5.4.1 注入温度的影响

考虑 4 种注入温度:298 K、317 K、331 K 和 344 K。注气温度对产气速率的影响如图 5-7 所示。第 200 天的产气量分别为 1.1×10^4 m^3/d,1.5×10^4 m^3/d,1.8×10^3 m^3/d 和 1.9×10^3 m^3/d。由图 5-7 可以看出:较高的注入温度对应较高的产气量。温度是裂隙页岩储层热处理过程中控制气体流动与传热的关键参数。

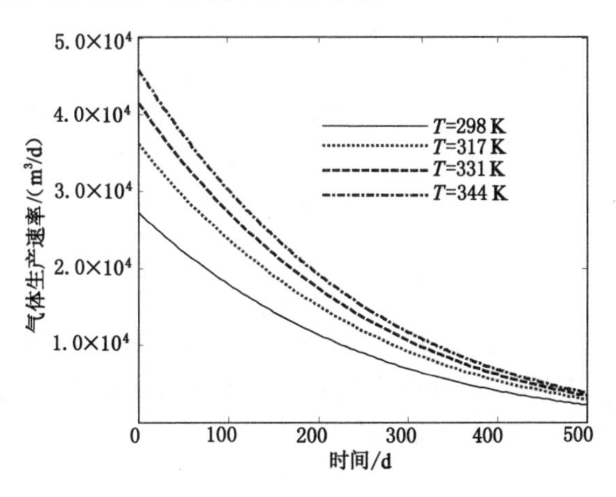

图 5-7 温度对产气速率的影响

5.4.2 分数阶维数的影响

分数阶维数是表征多孔岩石基质中气-水两相流动路径的非线性、迂曲性和分形流动路径的参数。本小节对分数阶维数的灵敏度进行了分析。分数阶维数分别取 0.2、0.35、0.5、1。图 5-8 显示了 4 种情况下前 300 天的产气量下降情况。第 200 天时的产气量分别为 2.6×10^{4} m³/d、1.1×10^{4} m³/d、7.0×10^{3} m³/d 和 1.8×10^{3} m³/d。第 500 天时，气体产量分别为 2.3×10^{4} m³/d，2.1×10^{3} m³/d，5.2×10^{2} m³/d 和 2×10^{-1} m³/d。这些数据表明：大的分数阶维数对应的产气速率在产气阶段初期下降较快，后期数值较低。分数阶维数的引入确实造成了产气速率计算结果的不同，所以用分数阶维数来表征多孔岩石介质中流体流动路径的非连续性与迂曲性是正确的。

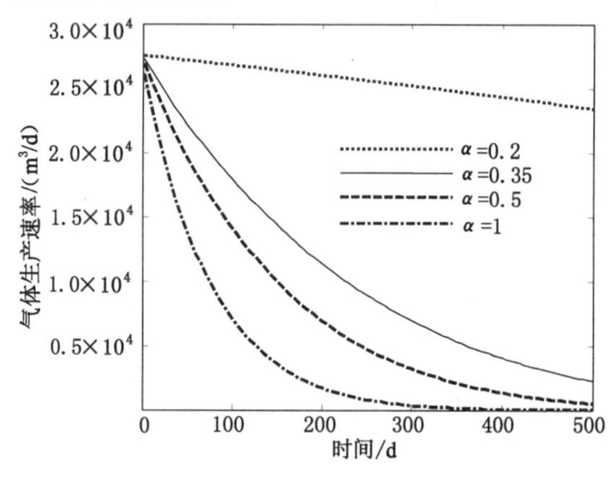

图 5-8　分数阶维数对产气速率的影响

5.5　本章小结

本章分别提出了一种全新的分数阶热传导模型和热-气-水耦合渗流模型，描述热页岩储层迂曲孔裂隙中的热传导与热-气-水耦合渗流机制。针对分数阶热传导模型，将渗流方程和热传导方程以分数阶的时间导数和空间导数相结合，得到了流体的热传导模型。通过局部分数阶微积分理论与局部分数阶行波变换分别对两种模型进行了解析求解。通过对热传导模型的研究得到了流体速度与温度的解析解，并讨论了注入温度、达西速度对地层温度的影响。针对分数阶热-气-水耦合模型研究得到了气、水压力和气、水产量的解析解。气、水生产速率分别由现场生产数据验证。

基于这些研究，可以得出以下结论：

(1) 一定时期内页岩储层的温度均呈现阶梯式时空分布，注热可以提高页岩气开采过程中的采收率。注入温度越高，气体生产速率下降越慢，生产后期的产气速率越高。

(2) 分数阶维数的取值对页岩气产量预测产生影响。分数阶维数越低，流体流动路径越迂曲。较低的分数阶维数意味着在相同的直线距离内会有更多的热量传递。分数阶维数取值越高，气体产量下降越快，同时生产后期的气体产量越低。

6　页岩气注热开采的热-气-液-固耦合机理分析

6.1　引言

页岩储层体破裂增透的过程包括热传导与热对流、气体解吸、气-水两相渗流以及页岩储层变形等多场耦合作用，是一个典型的热-气-液-固耦合过程。首先，在第3章建立的渗透率演化模型、第4章建立的气-水两相渗流耦合模型以及第5章建立的热-气-水耦合模型的研究基础上，通过引入考虑基质对页岩气的吸附和热膨胀作用的页岩储层变形场，建立适用于页岩气注热开采的热-气-液-固耦合模型，该模型包含页岩储层变形场、气-水两相渗流场、温度场。其次，应用第2章中试验得到的页岩微观结构，模拟研究注热情况下渗透率的变化和温度的传导过程。最后，分析了注热开采的热-气-液-固耦合效应对页岩气产量的影响。

6.2　热-气-液-固耦合过程的控制方程

6.2.1　考虑气体吸附及热膨胀作用的页岩储层变形控制方程

参照弹性力学可以得到各相流体的在压力作用下页岩储层固体骨架的变形场方程，其由平衡方程、几何方程和物理方程组成[201]。

开采页岩气时，岩层单元受力平衡，可以首先列出平衡方程：

$$\boldsymbol{\sigma}_{ij,j} + \boldsymbol{f}_i = \boldsymbol{0} \tag{6-1}$$

式中　$\boldsymbol{\sigma}_{ij}$ ——总应力张量；

　　$\boldsymbol{f}_i$ ——体积力张量。

根据有效应力原理，总应力 σ_{ij} 与有效应力 σ'_{ij} 之间的关系式为：

$$\sigma_{ij} = \sigma'_{ij} + \alpha_B p \delta_{ij} \tag{6-2}$$

式中　p——孔隙压力，表达式为：

$$p = s_g p_g + s_w p_w \tag{6-3}$$

式中　α_B ——比奥特系数，$\alpha_B = 1 - \dfrac{c_m}{c_b}$，其中 c_m 为孔隙的压缩系数，c_b 为页岩骨架的压缩系数；

　　δ_{ij} ——克罗内克函数，$\delta_{ij} = \begin{cases} 1 & (i = j) \\ 0 & (i \neq j) \end{cases}$。

将式(6-2)代入式(6-1)中可以得到下式：

$$\sigma'_{ij,j} + (p\delta_{ij})_{,j} + f_i = 0 \tag{6 4}$$

假设在煤层气开采过程中煤单元体只产生小变形，由于变形过程具有连续性，故：

$$\boldsymbol{\varepsilon}_{ij} = \frac{1}{2}(\boldsymbol{u}_{i,j} + \boldsymbol{u}_{j,i}) \tag{6-5}$$

式中　$\boldsymbol{\varepsilon}_{ij}$ ——应变张量；

$\boldsymbol{u}_i, \boldsymbol{u}_j$ ——单元体位移。

上文中曾述及在页岩气注热增产过程中页岩储层呈弹性变形状态。根据线弹性假设，材料的总应变是地应力、气体压力、水压力、吸附膨胀以及温度变化导致的热膨胀应变的总和[201]。因此广义胡克定律在此时研究变形可得到应用，即有本构方程：

$$\varepsilon_{ij} = \frac{1}{2G}\left[\sigma'_{ij} - \frac{3E\nu}{(1+\nu)(1-2\nu)}e\delta_{ij}\right] + \frac{\alpha_B}{3k_b}p_{ij} + \frac{\varepsilon_s}{3}\delta_{ij} + \frac{\alpha_T T}{3}\delta_{ij} \tag{6-6}$$

式中　E ——拉压弹性模量；

G ——剪切弹性模量，$G = \dfrac{E}{2(1+\nu)}$；

ν ——侧向收缩系数，即泊松比；

e ——体积应变；

λ_1 ——拉梅常数，$\lambda_1 = \dfrac{3E\nu}{(1+\nu)(1-2\nu)}$；

K_b ——孔隙介质体积模量，$K_b = \lambda_1 + \dfrac{2}{3}G$。

假设页岩气吸附与热膨胀所引起的变形在 3 个方向上的分量是相等的，由式(6-4)、式(6-5)、式(6-6)可得到注热条件下变形页岩储层的平衡方程：

$$Gu_{i,kk} + \frac{G}{1-2\nu}u_{k,ki} - \alpha_B s_g p_g - \alpha_B s_w p_w - k_b\varepsilon_{s,i} - k_b\alpha_T T_{,i} + f_i = 0 \tag{6-7}$$

6.2.2　考虑吸附气与溶解气的气-水两相耦合渗流控制方程

流体的连续性方程主要代表质量守恒，同时也是描述物质运动的基本方程。本书研究的是气-水两相耦合渗流，分别用下标 g 和 w 代表气相和水相，考虑气体对页岩骨架的吸附作用，气相和水相的连续性方程可分别表示如下。

气体连续性方程：

$$\frac{\partial}{\partial t}\left[\varphi(R_{sw}s_w\rho_w + s_g\rho_g) + \rho_s\rho_{ga}\frac{V_L p}{P_L + p}\exp\left[-\frac{c_2(T-T_{ref})}{1+c_1 p}\right]\right] - \nabla\cdot(\rho_g v_g + R_{sw}\rho_w v_w) = \rho_g q_g \tag{6-8}$$

水连续性方程：

$$\frac{\partial}{\partial t}(\varphi\rho_w s_w) - \nabla\cdot(\rho_w v_w s_w) = \rho_w q_w \tag{6-9}$$

式中，

$$\begin{cases} s_g + s_w = 1 \\ q_g = q_w = 0 \end{cases}$$

式中　R_{sw} ——气相于水相中的溶解度；

ρ_w, ρ_g ——地层条件下的水和气的密度；

s_g, s_w ——气、水的饱和度；

φ ——煤岩固体的孔隙度；

q_g, q_w ——气、水的流体强度。

气-水耦合渗流的运动方程为：

$$v_g = -\frac{kk_{rg}}{\mu_g}\nabla p_g \tag{6-10}$$

$$v_w = -\frac{kk_{rw}}{\mu_w}\nabla p_w \tag{6-11}$$

式中 k ——页岩的绝对渗透率；

k_{rg} ——气体的相对渗透率；

μ_g ——气体的黏度；

p_g ——气体的压力；

k_{rw} ——水的相对渗透率；

μ_w ——水的黏度；

p_w ——水的压力。

将气体运动方程代入气体连续性方程，水的运动方程代入水连续性方程，可以得到页岩储层中气-水两相耦合渗流方程：

$$\frac{1}{k}\left\{\frac{\partial}{\partial t}[\varphi(R_{sw}s_w\rho_w + s_g\rho_g)] + \rho_s\rho_{ga}\frac{V_L p}{P_L + p}\exp\left[-\frac{c_2(T - T_{ref})}{1 + c_1(p_g s_g + p_w s_w)}\right]\right\} - \nabla\cdot\left[\left(\frac{k_{rg}\rho_g}{\mu_g} + \frac{k_{rw}R_{sw}\rho_w}{\mu_w}\right)\nabla p_g\right] = q_g\rho_g \tag{6-12}$$

$$\frac{1}{k}\frac{\partial}{\partial t}(\varphi s_w\rho_w) - \nabla\cdot\left[\left(\frac{k_{rw}\rho_w}{\mu_w}\right)\nabla p_w\right] = q_w\rho_w \tag{6-13}$$

6.2.3 考虑热对流作用的气-水两相流体热量传输控制方程

本书第5章中介绍过多孔介质中热传导过程遵循的能量守恒定律，考虑热对流作用，假设页岩储层与气-水两相流体总是处于热平衡状态，结合气-水两相渗流运动方程，页岩储层中的能量守恒控制方程可表示为：

$$\frac{\partial(c_{eq}T)}{\partial t} + \nabla(-K_{eq}\nabla T) + K_g\alpha_g T\nabla\cdot v_g + K_w\alpha_w T\nabla\cdot v_w = Q_T \tag{6-14}$$

式中 c_{eq} ——比热容；

T ——温度；

K_{eq} ——有效热传导系数；

K_g ——气体的体积模量；

α_g ——气体的热膨胀系数；

K_w ——水的体积模量；

α_w ——水的热膨胀系数；

Q_T ——热源。

而 $K_g \approx p_g, \alpha_g \approx 1/T$，所以结合式(6-10)、式(6-11)，式(6-14)可以转化为：

$$\frac{\partial(C_{eq}T)}{\partial t}+\nabla(-K_{eq}\nabla T)+p_g\nabla\cdot\left(-\frac{kk_{rg}}{\mu_g}\nabla p_g\right)+K_w\nabla\cdot\left(-\frac{kk_{rw}}{\mu_w}\nabla p_w\right)=Q_T \tag{6-15}$$

6.2.4 多物理场耦合模型

式(6-7)、式(6-12)、式(6-13)与式(6-15)构成了页岩气注热增产过程的热-气-液-固全场耦合数学模型，模型涵盖了页岩储层变形场、气-水耦合渗流场、温度场与裂隙场，如图 6-1 所示。随着页岩储层温度的升高，页岩储层应力场发生改变，导致吸附状态的页岩气解吸与运移，同时基质中产生新的裂隙，原有裂隙闭合或扩张，气水耦合渗流路径发生改变。而随着页岩气的流动，孔隙压力降低，重新引发储层应力场改变。在本章所建立的多物理场耦合模型中，热、气、液、固各物理场之间由于耦合关系互相影响。下面引入 COMSOL MULTIPHYSICS with MATLAB 软件平台针对多物理场耦合模型进行数值求解，探究各物理场间的影响机制和进行页岩气注热增产过程的产能预测。

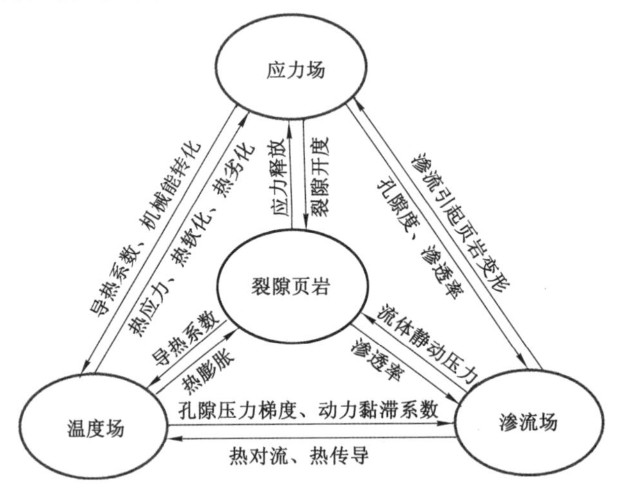

图 6-1　页岩气注热增产的多物理场耦合关系

6.3　数值模型建立

本节将应用 6.2 节所建立的热-气-液-固多物理场耦合模型，针对 50 ℃加热条件下页岩内部温度场、毛细压力、气水饱和度演化机理进行分析，以及进行对应渗透率试验的模拟验证。由于目前有关页岩气的注热增产分析还停留在基础理论与数值分析的研究上，还未开展相关的现场工程实践，6.4 节与 6.5 节中涉及页岩气抽采案例并不是完全意义的注热开采，而是与之相关的热-气-液-固耦合过程分析。基于所建立的多场耦合模型，在进行简单的模型条件约束后，可以模拟高温作用下的页岩试样渗透率演化与页岩内部气-水耦合渗流过程，在一定程度上可以反映模型的可靠性。

利用第 2 章开展的 50 ℃处理后的页岩渗透率测试结果，对本章所建立的热-气-液-固耦合模型的有效性进行检验。建立 0.05 m×0.025 m 的长方形（*ABCD*）来表征页岩试样数值计算的几何模型（图 6-2），应用第 2 章中页岩试样的微观结构图像与长方形（*ABCD*）匹配运算，用于模拟真实页岩中渗透率的变化以及温度的传导过程。给定围压与测试压力，AD 为定温边界，给定温度值 50 ℃(开氏温度 323.15 K)，页岩试样内存在气-水两相流动。观测点 E 坐标(0.005 m,0.012 5 m)，用于观测气-水耦合渗流随时间的变化。边界条件方面，对于温度场，模型中的所有边界都设置为绝热边界，绝热边界上允许温度发生变化；对于渗流场，所有边界上无流体流动；对于固体变形场，边界 DA/DC 约束法向位移。所用的模拟参数见表 6-1，主要来自当前的研究文献和页岩试样的相关参数测试。

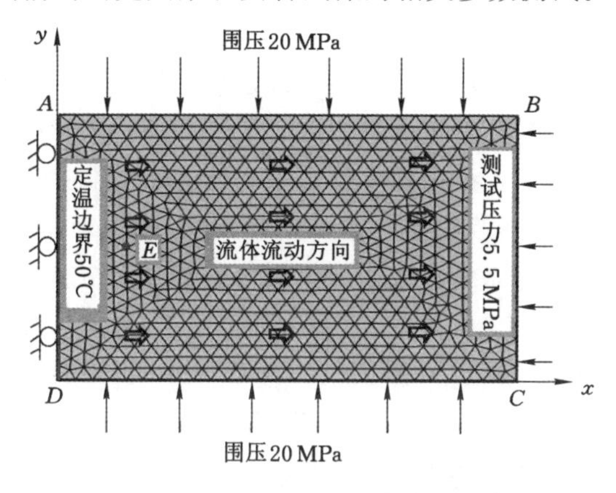

图 6-2 对照试验的计算模型

表 6-1 试验数值模拟参数

参数	单位	数值	物理意义
$c_{eq,g}$	J/(K·kg)	1 625	气体的比热容
$K_{eq,w}$	W/(m·K)	0.6	水的热传导系数
$K_{eq,g}$	W/(m·K)	0.2	气体的热传导系数
μ_w	Pa·s	3.6×10^{-4}	水的黏度
μ_g	Pa·s	1.85×10^{-5}	气体的黏度
φ		0.01	孔隙度
E_s	MPa	2 713	页岩弹性模量
V_L		0.046 7	朗缪尔吸附体积常数
P_L		0.046 7	朗缪尔吸附压力常数
α_T	1/K	2.4×10^{-5}	页岩体积热膨胀系数
T_0	K	293.15	初始温度
p_0	MPa	3	初始平均压力
c_s	J/(K·kg)	1 250	页岩的比热容
k_0	D	9.632×10^{-7}	初始渗透率
R_{sw}		1.3	气体溶解度
s_{rw}		0.2	残余水饱和度
s_{rg}		0.15	残余气饱和度
c_1	1/MPa	0.07	气体吸附的压力修正系数
c_2	1/K	0.02	气体吸附的温度修正系数
D_c	m^2/s	1×10^{-5}	毛细扩散系数

6.4 模型的计算结果与讨论

6.4.1 页岩内部温度场演化

首先根据数值分析获得了页岩内部的温度演化路径。如图 6-3 所示，分别为加温 0.5 min、2.5 min、5 min、10 min 时的页岩储层温度分布。由图 6-3 可以看出：由于页岩内部结构的非均质性，温度随时间也呈现一定的非线性变化。在第 5 章中分析得到岩石储层的温度传递主要包括热传导和热对流两种方式。其中，热传导与热对流是耦合进行的，并受流体渗流的影响。热传导作用主要由岩储层的热传导系数控制，沿定温边界向页岩内部进行温度传递的作用大致相同；热传递作用由于受到气-液-固耦合渗流作用的影响，将呈现温度传递的非均匀和非线性特征。由图 6-3 可以观察到温度变化主要发生于注热边界，并逐渐沿流体渗流方向传播；加温 10 min 后，如图 6-3(d)所示，页岩内部大部分结构温度已达到 50 ℃。但是正如第 2 章温度处理试验的操作，以 5 ℃/min 速度对页岩试样加热 6 min 后仍需恒温 2 h 以确保岩石内部受热均匀，总体达到目标温度。

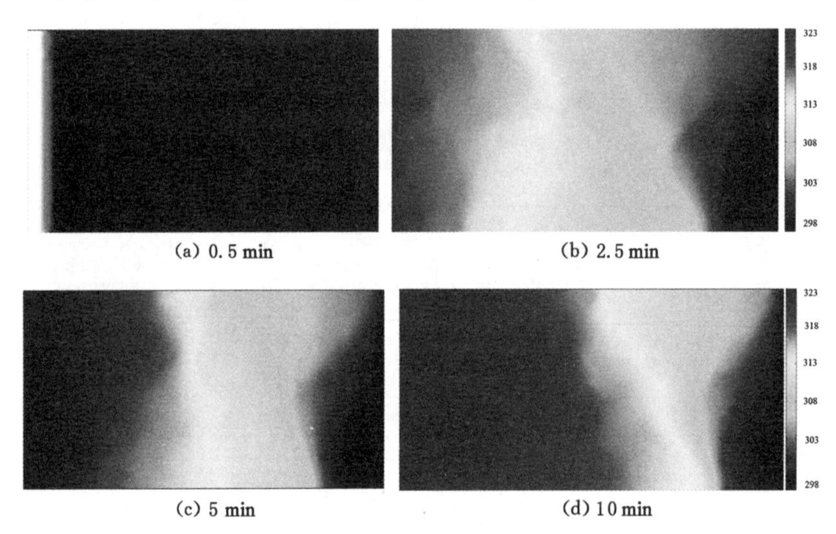

图 6-3 不同加热时间时的温度分布(单位：K)

6.4.2 页岩毛细压力与水饱和度变化

由于本章所建多物理场数值模型为热-气-液-固耦合模型，在页岩内部气-水耦合渗流过程中，气、水饱和度与毛细压力是时刻发生变化的。图 6-4 描述了观测点 E(0.005 m, 0.012 5 m)的水饱和度与毛细压力演化过程。首先，在 4.1.1 节中叙述了毛细压力的定义为气相压力与水的压力的差值。毛细压力在气-水耦合渗流的过程中受到孔径分布、渗透率等诸多因素的影响。如图 6-4(a)所示，水的饱和度随着注热时间总体呈现降低的趋势，在前 200 s 时间内，水的饱和度快速由 0.625 降至 0.607，之后缓慢降低，最终在温度处理1 200 s 后达到 0.6。由于在进行多物理场耦合建模时描述了页岩内部裂隙与基质部分的非均质性，图中展示的水饱和度变化曲线并不是完全光滑的，因为在多物理场耦合作用过程中时刻发生着温度变化促进页岩气解吸、气-水渗流的变化引起固体变形、固体变形引发孔隙压力变化、孔隙压力变化又导致渗透率发生变化这一系列作用。下面来分析页岩内部气-水渗流的毛细压力变化。如图 6-4 所示，毛细压力随着注热时间呈现先剧烈增大之后缓慢增大的趋势。200 s 时，毛细压力增大至 2.528 MPa；1 200 s 时，毛细压力缓慢上升至 2.545 MPa。另外，图 6-4(b)分析了水的饱和度随毛细压力的变化情况。式(4-7)中已叙述了毛细压力与水的饱和度之间的关系，毛细压力越大，水的饱和度越低，此时更多的吸附态页岩气解吸，部分溶解气转化为游离气，页岩气产能增大。

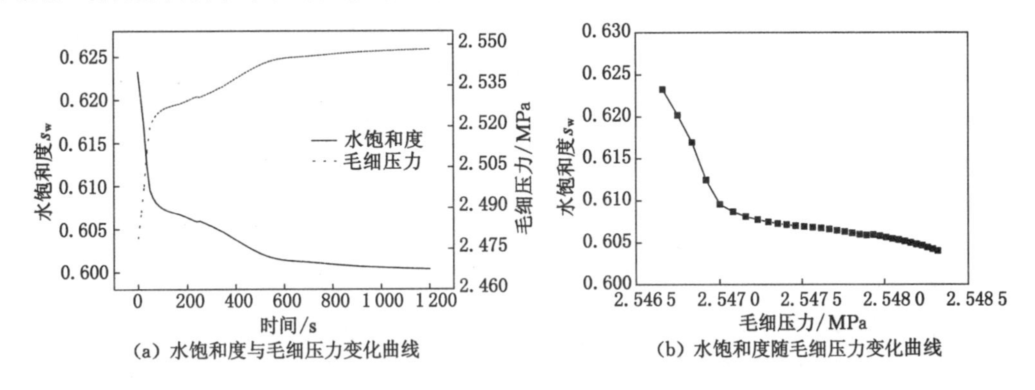

图 6-4　观测点 E(0.005 m，0.012 5 m)的水饱和度与毛细压力演化曲线

6.4.3　页岩渗透率与气饱和度变化

图 6-5 展示了页岩试样内部的渗透率演化过程。如图 6-5 所示，加热初期页岩内部的裂隙与基质的渗透率已经有很大差别，裂隙部分的渗透率几乎是基质部分渗透率的数十倍。

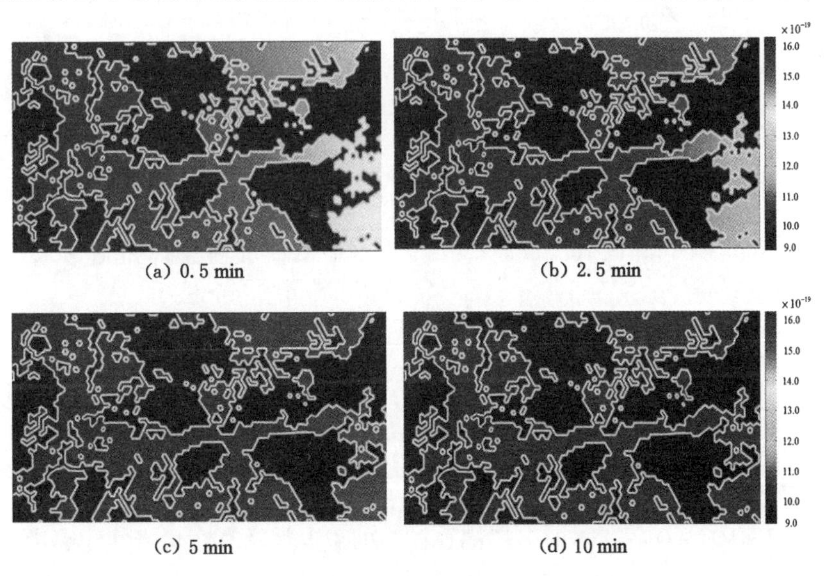

图 6-5　不同加热时间时的渗透率变化特征(单位：m²)

随着加热时间的增加，在沿流体渗流方向，裂隙的渗透率依然是缓慢增大的。图 6-5 未体现基质的渗透率变化，其原因是注热边界施加的温度、页岩试样所承受的围压与测试压力不足以引起页岩内部基质部分开裂，而只是由于温度的作用引起了吸附态页岩气的解吸(极少部分溶解气转化为游离气)，导致渗流裂隙内部的游离气增加，从而页岩内部的总体渗透率进一步增大。总体观察可发现：裂隙中的渗透率随时间不断变化，约 10 min 时裂隙部分的渗透率几乎一致，约为 1.6×10^{-6} D，而基质部分的渗透率约为 9×10^{-7} D。页岩渗透率与基质和裂隙所占的比例有关。参照第 3 章的渗透率演化模型，本节数值模拟中裂隙部分的比例取值为 32.3%，计算可得页岩总体渗透率约取值 1.261×10^{-6} D。2.3 节测试得到 50 ℃加热条件下的页岩试样渗透率为 1.126×10^{-6} D，数值计算结果与测试结果吻合较好。

对应图 6-5 中关于页岩气发生热解吸作用导致页岩裂隙部分渗透率变化的分析，图 6-6 展示了气体饱和度随温度的演化过程。首先，由于页岩结构的非均质性，气体饱和度随温度的演化曲线呈现非稳定增长趋势。当开始加热岩样时，在温度与压力共同作用下，页岩气分子的活性增强，页岩气解吸，气、水之间的毛细压力增大，气体饱和度快速增大，由初始状态下的 0.375 到 2 min 时已增至 0.393。之后到 10 min 缓慢增至 0.4。这与渗透率的变化趋势是基本一致的，同时说明裂隙中的游离气含量基本反映了页岩整体的渗透能力。此外，需要说明的是，由于本节数值模拟研究的是小尺度页岩试样升温过程中的多物理场耦合机理，气、水饱和度及渗透率等数值变化非常小，因此主要对耦合过程中各物理场的变化趋势进行描述。

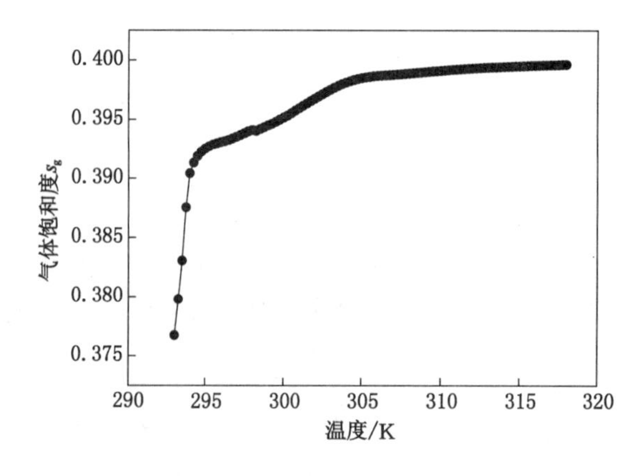

图 6-6　观测点 E(0.005 m,0.012 5 m)的气体饱和度随温度演化曲线

6.5　页岩气注热开采的产能分析

6.5.1　页岩气注热开采数值模型

为了进一步验证本章所建立的多场耦合模型的正确性及其在页岩气注热增产工程中的适用性，利用所建立的热-气-液-固耦合模型针对简化的二维储层模拟页岩气的注热开采过程。如图 6-7 所示，页岩气抽采区域为 1 万 m^2，建立 100 m×100 m 的正方形几何物理模型，页岩储层厚度为 2 m，初始页岩气压力为 3 MPa。注热井位于模型中心坐标为(50 m,

50 m)位置处，半径为 0.1 m，参照文献[202]，注热温度为 95 ℃(开氏温度为 368.15 K)，抽采井位于坐标为(0 m,0 m)位置处。

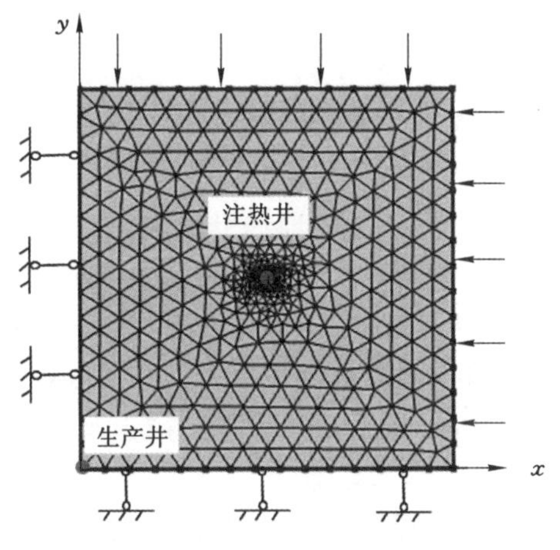

图 6-7　页岩气注热开采计算模型

边界条件方面，对于温度场，模型中所有边界都设置为绝热边界，绝热边界上允许温度发生变化；对于渗流场，所有边界上无流体流动；对于固体变形场，左边界与下边界约束法向位移。其余模拟参数的取值见表 6-1。

6.5.2　页岩气注热开采增产效率分析

本节研究了注热开采对页岩气累计产量的影响。图 6-8(b)中比较了常规页岩气采收与注热增产页岩气的累计产量。图 6-8(a)为产出速率的对比曲线。可以看出：10 000 天生产周期内，两种开采方式对应的产气速率都是缓慢下降的。而在投产到 2 000 天时，两种开采方式的页岩气的产速迎来下降的拐点，注热开采与常规开采的产气速率分别为 8 269.19 m^3/d和 5 209.56 m^3/d，分别下降至初始产量的 20.49%与 20.17%。2 000 天后，注热开采的页岩气产气速率降幅大于常规开采方式。投产 10 000 天时，两种投产方式的页岩生产速率几乎一致。类似的，如图 6-8(b)所示，页岩气累计产量呈现先大幅度增加而后缓慢增加的趋势。如生产 8 000 天后，常规开采的累计页岩气产量为 3.49×10^7 m^3，而注热

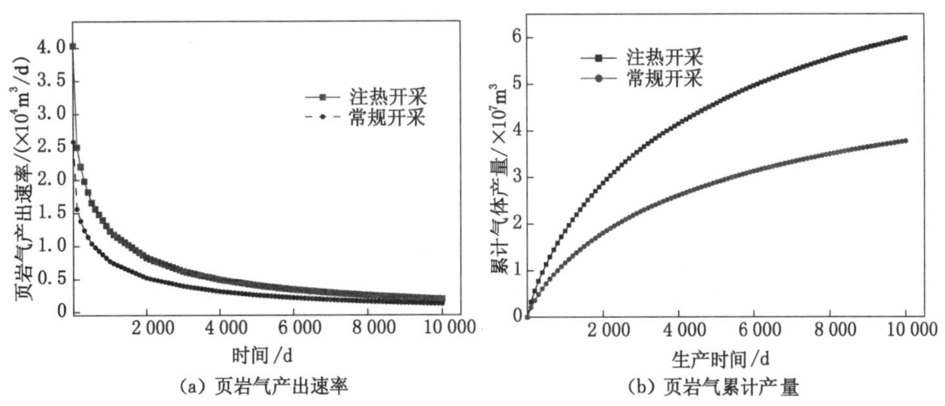

图 6-8　页岩气注热开采与常规开采的产气对比

开采的累计页岩气产量提升到5.55×10^7 m^3。总体分析，注热增产在2.7年后增产59.1%，9.9年后增产58.8%，在27.4年后增产58.7%。模拟结果表明：注热开采在生产周期的前半段可以显著提高页岩气的产量。

6.6 本章小结

本章建立了页岩气注热开采的热-气-液-固耦合模型，该模型包含页岩储层变形场、气-水两相渗流场、温度场与裂隙场。利用该多物理场耦合模型对第2章50 ℃加热条件下的渗透率测试试验过程进行了数值模拟，渗透率的计算结果与测试结果吻合良好，证明了本数学模型的可靠性，同时还应用第2章中温度处理后页岩试样的微观结构，真实模拟了页岩中温度的传播路径和渗透率的演化过程。最后分析了注热耦合效应对页岩气产量的影响。得到了以下结论：

（1）注热导致页岩内部气-水耦合渗流过程中毛细压力的升高与游离气含量的增加，更有利于页岩气的产出。由于在多物理场耦合作用过程中温度升高促进了页岩气解吸和部分溶解气的转化，气-水渗流速率发生变化引起页岩储层变形，固体变形又将引发孔隙压力与毛细压力的变化，同时由于页岩内部的非均质性，毛细压力与气、水饱和度的变化呈现一定的不规则性。

（2）注热导致页岩裂隙系统的渗透率增大。在温度升高过程中，页岩气解吸作用加快，大量的自由气体在裂隙系统中流动，导致页岩内部裂隙系统的渗透率显著增大，页岩的整体渗透率随之增大。

（3）页岩气注热开采在生产周期的前半段可以显著提高页岩气的产量。相比于常规开采，页岩储层注热改变了岩储层的温度，随之多物理场耦合效应对页岩的固体变形与渗流场产生刺激作用。模拟结果表明：注热27.4年后页岩气的产量提高了58.7%。

7 页岩储层燃爆致裂过程中爆轰波的分形传播机制

页岩储层燃爆压裂技术可以促进裂缝的持续扩展。燃爆致裂伴随着爆轰波的传播过程，包含径向爆轰波收敛汇聚为冲击波，之后衰减为弹性波。由于波的传播路径通常是非线性、曲折和分形的，以往的整数阶波传播模型并不能很好地描述燃爆致裂过程。本章建立了两个分数阶波传播模型，并进行了解析求解。首先，在经典波动方程的基础上提出了新的局部分数阶爆轰波传播模型，用以描述裂隙分叉结构中爆轰波转变为冲击波的过程。爆轰波径向位移梯度由页岩内部膨胀和旋转变形表示。其次，建立了波径向位移的分数阶传播模型，描述了冲击波衰减为弹性波的过程。最后，分别采用分离变量法和变分迭代法求解两个模型，并得到了分数阶时-空条件下旋转角和 P 波位移的分数阶解析解。该解能较好地描述波在裂隙页岩储层中的传播过程。与此同时研究了爆轰波聚合分叉参数、爆轰压缩波聚合阶数以及不同炸药类型对冲击波旋转角度的影响。本章建立的两种波传播模型对于研究页岩储层燃爆致裂的爆轰波传播机制具有一定的促进作用。

7.1 爆轰波转向冲击波过程中局部旋转破坏演化机制

首先做如下假设：

(1) 裂隙岩石是非均匀、各向异性的多孔连续介质。

(2) 波在同一平面内传播，而流体的密度和黏度与温度无关。

(3) 平面爆轰波的冲击波阵面具有强不连续性。化学反应瞬间发生且反应区域很窄，可视为一个数学平面。

(4) 爆轰波传播过程中不发生黏度和热传导过程引发的耗散效应。

7.1.1 旋转角控制方程

在爆炸过程中，由于气体分子的碰撞极其频繁，无法识别单个分子的碰撞，只能确定大量分子的集体作用。因此，流体粒子或气体粒子的速度代表由大量分子组成的气体微团簇的速度。

冲击波可以看作无限多弱压缩波的叠加。局部旋转是页岩储层破坏的主要方式[203-205]。随着爆轰波的径向传播，局部旋转角峰值较爆轰结束时的 θ_0 减小。储层岩石发生旋转破坏时的变形梯度由变形矩阵和旋转矩阵两部分组成。平面坐标系中的变形梯度可以描述为：

$$F_j^i = \begin{vmatrix} 1 & 0 \\ 0 & 1+\dfrac{\partial u}{\partial r} \end{vmatrix} \cdot \begin{vmatrix} \cos\theta & \sin\theta \\ -\sin\theta & \cos\theta \end{vmatrix} \tag{7-1}$$

式中　F_j^i ——平面坐标系中的变形梯度；

u ——波动的变形量；

r ——波的位移；

θ ——局部旋转角。

炸药爆炸后，由于其强大的冲击效应，会立即引发高速化学反应，页岩的状态发生突变。爆轰的化学反应在无限薄的间断面上完成，如图 7-1 所示，化学反应完成后反应区末端形成爆轰产物。此末端称为 C-J 平面。类似的，数学家黎曼在分析管道内流体的非定常运动时发现原本连续流在流动过程中可能会形成一个非连续表面。燃爆致裂过程中，原始炸药瞬间转变为高温、高压的爆轰产物，并释放出大量的化学反应热能。这种能量被用以支持爆轰波冲击下一层的爆炸压缩，由此可见冲击波是压缩波叠加过程中由量变到质变引起的。为了描述压缩波的收敛汇聚过程，可以将压缩波的传播路径看作断续裂隙页岩储层内典型分叉系统。如图 7-2(b)所示，页岩储层燃烧爆炸产生的压缩波经过 m 阶加速后收敛汇聚为冲击波。假设分叉结构为对称结构[图 7-2(a)]，则：

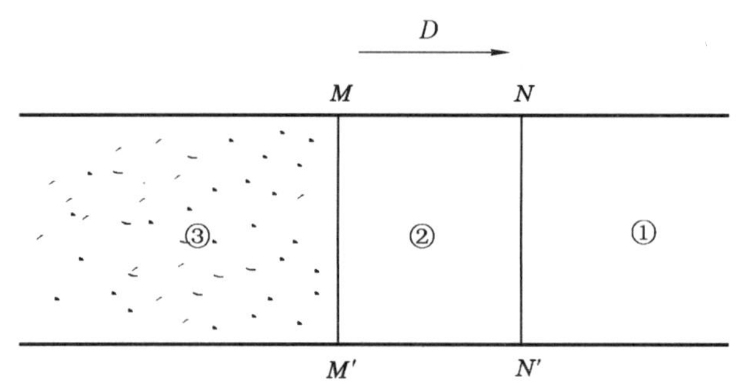

①—原始爆炸物，N-N′ 面前导冲击波；②—化学反应区，M-M′ 面反应终断面；③—爆轰产物。

图 7-1　爆轰波阵面示意图[206]

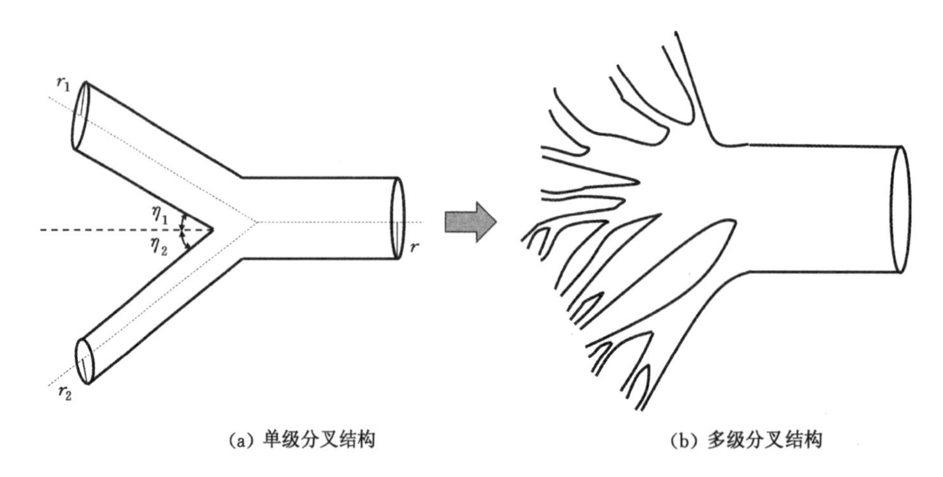

图 7-2　压缩波的分叉传播路径

$$\begin{cases} r_1 = r_2 \\ \eta_1 = \eta_2 \end{cases} \tag{7-2}$$

在默里定律的基础上引入分叉参数 X，定义为[207]：

$$X = \frac{r_0^3}{2r_1^3} \tag{7-3}$$

式中 r_1, r_2 ——分形二叉树的分毛细管半径；

η_1, η_2 ——上一层二叉树与下一层二叉树之间的夹角。

如果 $X \neq 1$，默里定律便不再是分叉网络系统研究的开端。根据能量守恒定律，通过改变分支参数 X 可以推导得出 C-J 爆轰稳定传播过程中第 0 分支与第 m 分支的平均波速关系式：

$$v_{CJ} = (X^2/2)^{m/3} v_{CJ,0} \tag{7-4}$$

式中 $v_{CJ,0}$ ——第 0 个分支的压缩波速度；

v_{CJ} ——压缩波叠加后第 m 个分支的冲击波速度。

通过分析反应区动力学发现：当爆轰波表面曲率半径远大于化学反应区宽度时，爆轰波激发的速度只是波面曲率的函数[208-209]。

$$v_n = v_n(\kappa) \tag{7-5}$$

式中 v_n ——爆轰波的法向速度；

κ ——波面平均曲率。

在恒定的化学反应速率下，可以得到冲击波速度与波面曲率的线性关系式[203]：

$$v_n = v_{CJ}(1 - b\kappa) \tag{7-6}$$

式中 v_n ——爆轰波的法向速度；

v_{CJ} ——CJ 速度；

b ——与炸药性质有关的常数；

κ ——波面平均曲率。

式(7-6)可转化为：

$$\kappa = \frac{1 - \dfrac{v_n}{v_{CJ}}}{b} \tag{7-7}$$

二维情况下平面曲率为：

$$\kappa_p = 2\kappa = \frac{2\left(1 - \dfrac{v_n}{v_{CJ}}\right)}{b} \tag{7-8}$$

式中 κ_p ——波的平面曲率。

试验结果表明：爆轰波面法向与介质界面夹角固定[203]。由于爆轰波与页岩储层间相互作用，可以计算出爆轰波法线方向与波通过储层界面之间的夹角。冲击波对岩石的破坏由旋转和剪切引起，这与页岩储层界面和波传播方向之间的夹角有关(图 7-3)。

将式(7-4)代入式(7-8)可以得到：

$$\kappa_p = \frac{2\left[1 - \dfrac{v_n}{(X^2/2)^{m/3} v_{CJ,0}}\right]}{b} \tag{7-9}$$

如图 7-4 所示，为了描述冲击波的传播机制，在原有直角坐标系 roz 基础上引入新的正交坐标系 xOy。x 轴方向表示不同时刻弯曲激波阵面的切线方向，y 轴方向是与弯曲激阵波面正交的射线方向。对应进行坐标变换，令

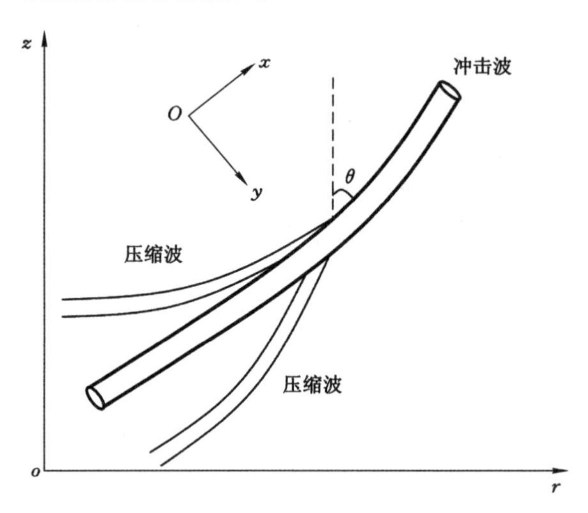

图 7-3　压缩波在正交坐标系 xOy 上汇聚为冲击波

$$x = t \tag{7-10}$$

通过坐标变换可以得到冲击波的运动方程：

$$\begin{cases} \dfrac{\partial^\alpha \theta}{\partial x^\alpha} = -\dfrac{1}{h}\dfrac{\partial^\alpha v_n}{\partial y^\alpha} \\ \dfrac{\partial^\alpha \theta}{\partial y^\alpha} = \dfrac{1}{v_n}\dfrac{\partial^\alpha h}{\partial x^\alpha} \end{cases} \tag{7-11}$$

式中　$\partial^\alpha(\cdot)/\partial x^\alpha$ —— α 阶的空间局部分数阶导数，且 $0 < \alpha \leqslant 1$；

h——曲线坐标中的拉默常数，也是冲击波速度与面积 A 的函数，即 $h = h(A)$。

两条相邻的 y 曲线组成一个射线管，弧长值定义为：

$$\mathrm{d}^\alpha \xi = h \mathrm{d}^\alpha y \tag{7-12}$$

式中　ξ——同一激波阵面上相邻曲线之间的弧长。

平均曲率表达式为：

$$\kappa_p = \frac{\partial^\alpha \theta}{\partial \xi^\alpha} = \frac{1}{h}\frac{\partial^\alpha \theta}{\partial y^\alpha} \tag{7-13}$$

综合式(7-11)、式(7-13)和式(7-12)可得：

$$\frac{\partial^\alpha v_n}{\partial x^\alpha} = -\frac{1}{\kappa'_p}\frac{1}{h}\frac{\partial^\alpha}{\partial y^\alpha}\left(\frac{1}{h}\frac{\partial^\alpha \theta}{\partial y^\alpha}\right) \tag{7-14}$$

将式(7-9)代入式(7-14)可得：

$$\frac{\partial^\alpha \theta}{\partial x^\alpha} = \frac{b\,(X^2/2)^{m/3} v_{CJ,0}}{2} \cdot \frac{1}{h} \cdot \frac{\partial^\alpha}{\partial y^\alpha} \cdot \left(\frac{1}{h} \cdot \frac{\partial^\alpha \theta}{\partial y^\alpha}\right) \tag{7-15}$$

进行坐标系(x, y)到坐标系(t, ξ)的坐标变换，可得：

$$\begin{cases}\dfrac{\partial^{\alpha}\theta}{\partial\xi^{\alpha}}=\dfrac{1}{h}\cdot\dfrac{\partial^{\alpha}\theta}{\partial y^{\alpha}}\\ \dfrac{\partial^{\alpha}\theta}{\partial t^{\alpha}}=\dfrac{\partial^{\alpha}\theta}{\partial x^{\alpha}}\end{cases} \tag{7-16}$$

将式(7-16)代入式(7-15)可以得到康托尔集上的爆轰波波动方程：

$$\frac{\partial^{\alpha}\theta}{\partial t^{\alpha}}=\frac{b(X^2/2)^{m/3}v_{\mathrm{CJ},0}}{2}\cdot\frac{\partial^{2\alpha}\theta}{\partial\xi^{2\alpha}} \tag{7-17}$$

初始条件为：

$$\begin{cases}t_0=0\\ \theta_0=0\end{cases} \tag{7-18}$$

边界条件为：

$$\begin{cases}r=R\\ \theta=\theta_{\mathrm{b}}\end{cases} \tag{7-19}$$

式中 R ——爆轰波波动区域的半径；

θ_{b} ——波动面与 z 轴的夹角。

7.1.2 爆轰波旋转角的解析求解

已知

$$\frac{\partial^{\alpha}\theta}{\partial\xi^{\alpha}}=\cos_{\alpha}(\theta^{\alpha})\frac{\partial^{\alpha}\theta}{\partial r^{\alpha}} \tag{7-20}$$

$$\frac{\partial^{2\alpha}\theta}{\partial\xi^{2\alpha}}=-\sin_{\alpha}(\theta^{\alpha})\frac{\partial^{\alpha}\theta}{\partial r^{\alpha}}+\cos_{\alpha}(\theta^{\alpha})\frac{\partial^{2\alpha}\theta}{\partial r^{2\alpha}} \tag{7-21}$$

假设 θ_{b} 是一个极小值[203]，则有：

$$\begin{cases}\sin_{\alpha}(\theta^{\alpha})\rightarrow 0\\ \cos_{\alpha}(\theta^{\alpha})\rightarrow 1\end{cases} \tag{7-22}$$

将式(7-21)和式(7-22)代入式(7-17)可得：

$$\frac{\partial^{\alpha}\theta}{\partial t^{\alpha}}=\frac{b\,(X^2/2)^{m/3}v_{\mathrm{CJ},0}}{2}\cdot\frac{\partial^{2\alpha}\theta}{\partial r^{2\alpha}} \tag{7-23}$$

令

$$\theta(r,t)=\varphi(r)T(t) \tag{7-24}$$

式(7-17)可以变换为：

$$\varphi^{(2\alpha)}+\lambda^{2\alpha}\varphi=0 \tag{7-25}$$

$$T^{(\alpha)}+\lambda^{2\alpha}\cdot\frac{b\,(X^2/2)^{m/3}v_{\mathrm{CJ},0}}{2}\cdot T=0 \tag{7-26}$$

式中 λ ——上述特征值问题中的特征值。

边界条件如下：

$$\varphi(0)=\varphi^{(\alpha)}(R)=0 \tag{7-27}$$

式(7-25)的解为[161]：

$$\lambda_n^{\alpha}=\left(\frac{n\pi}{R}\right)^{\alpha}\quad(n=0,1,2,\cdots) \tag{7-28}$$

$$\varphi_n(\xi) = \sin_\alpha n^\alpha \left(\frac{\pi r}{R}\right)^\alpha \quad (n = 0,1,2,\cdots) \tag{7-29}$$

将式(7-28)代入式(7-26)可得：

$$T^{(\alpha)} + \left(\frac{n\pi}{R}\right)^{2\alpha} \cdot \frac{b\ (X^2/2)^{n/3} v_{\mathrm{CJ},0}}{2} \cdot T = 0 \tag{7-30}$$

$T(t)$ 的解为：

$$T_n(t) = E_\alpha\left[-\left(\frac{n\pi}{R}\right)^{2\alpha} \cdot \frac{b\ (X^2/2)^{n/3} v_{\mathrm{CJ},0}}{2} t^\alpha\right] \tag{7-31}$$

式中，

$$E_\alpha(t^\alpha) = \sum_{i=0}^{\infty} \frac{t^{\alpha i}}{\Gamma(1+\alpha i)} \tag{7-32}$$

因此，$\theta(r,t)$ 的解为：

$$\theta(r,t) = \sum_{n=1}^{\infty}\theta_n(r,t) = \sum_{n=1}^{\infty}E_\alpha\left[-\left(\frac{n\pi}{R}\right)^{2\alpha} \cdot \frac{b\ (X^2/2)^{n/3} v_{\mathrm{CJ},0}}{2} t^\alpha\right]\sin_\alpha n^\alpha \left(\frac{\pi r}{R}\right)^\alpha \tag{7-33}$$

式中，

$$\sin_\alpha(t^\alpha) = \sum_{i=0}^{\infty} (-1)^i \frac{t^{\alpha(2i+1)}}{\Gamma[1+(2i+1)\alpha]} \tag{7-34}$$

$\theta(r,t)$ 的曲线如图 7-4 所示。

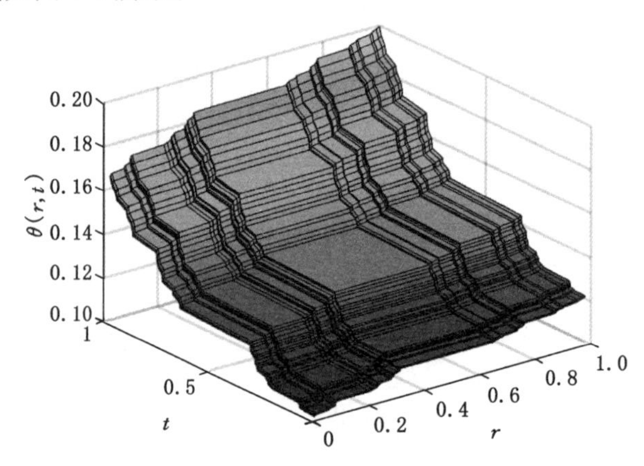

图 7-4　$\alpha = \ln 2/\ln 3$ 时爆轰波局部旋转角变化情况

7.1.3　结果分析

上述模型描述了从爆轰波阶段到冲击波阶段局部旋转破坏过程的波传播机制，包含压缩波的收敛、冲击波的旋转与裂隙页岩储层的分叉结构。表 7-1 列出了爆轰波旋转破坏机制分析的计算参数，这些参数取自相关文献[203,210]。

表 7-1　爆轰波传播模型计算参数

变量	单位	取值	物理含义
X		4	裂隙页岩分叉参数
m		10	分叉级数

表 7-1(续)

变量	单位	取值	物理含义
$v_{CJ,0}$	m/s	6 209	0 级分叉管爆轰波速度
b		0.875	炸药性质相关常数
R	m	0.108	爆轰波区域半径
α		ln 2/ln 3	分数阶
E	MPa	7 500	页岩弹性模量
ν		0.25	页岩泊松比
ρ	kg/m^3	2 600	页岩密度
U_0	m	0.108	冲击波初始位移

7.1.3.1 爆轰波旋转角变化情况

图 7-5 描述了旋转角随时间和距离的变化。可以看出:爆轰波的旋转角是波动的,爆轰波波峰值随时间的增加而增大。爆炸时刻爆轰波与法向的旋转角为 0。以爆轰中心点为例,随着爆炸的不断发生,爆炸压缩波不断累积,使得波的旋转角度不断增大。此外,随着距爆轰波中心点距离的增加,爆轰波旋转角逐渐减小。研究结果表明:随着爆炸距离的增大,爆轰波旋转破坏的作用逐渐减弱,并向其他形式的波转移。

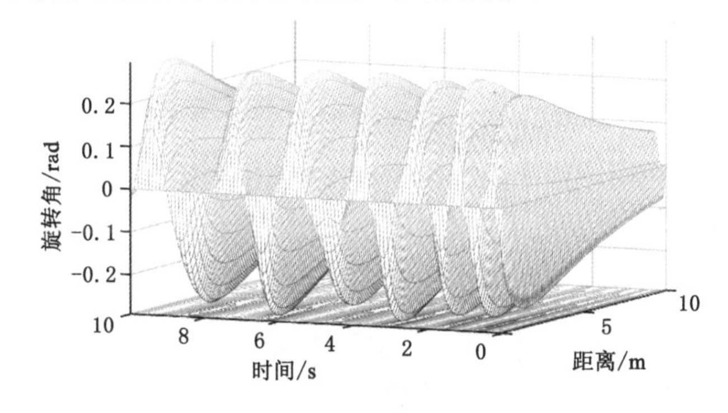

图 7-5 爆轰波旋转角度时空演化特征

7.1.3.2 分叉参数的敏感度分析

基于默里定律,引入分叉参数 X 来表示分形二叉树上下分叉通道宽度的立方比。本节将研究分叉参数对爆轰波旋转角的影响。

分叉参数分别取 1,2,3 和 4。分叉参数取自郁伯铭等[207]获得的数据。图 7-6 显示了爆轰波旋转角随时间和距离的波动情况。4 条曲线的振幅在燃爆的前 10 s 均有所增大。$X=1$和 $X=2$ 之间的旋转角增量差别不大。但是当 X 取值为 3 和 4 时,同一时刻爆轰波旋转角差异较大。在第 8 秒时,$X=1,2,3,4$ 时旋转角分别为 0.42 rad、0.4 rad、0.28 rad 和 0.12 rad。随着分叉参数的增大,冲击波阶段旋转角振幅下降增大,爆炸末期旋转角减小,意味着爆轰波旋转角受到分叉参数的影响。爆轰波压缩波越收敛,冲击波能量越高,传播以及影响范围越大。

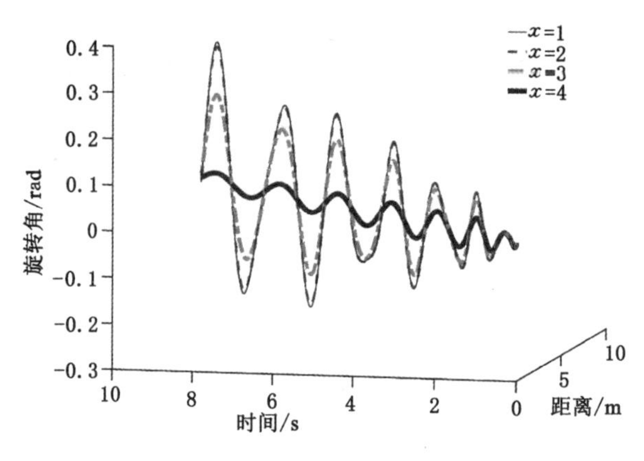

图 7-6　旋转角分叉参数的影响

7.1.3.3　爆轰波汇聚加速级数的敏感度分析

爆轰波汇聚的加速级数是表征页岩储层燃爆产生的压缩波在加速后汇聚为冲击波的参数。为了研究爆轰波加速级数对旋转角的影响机制，进行了爆轰波加速级数的敏感度分析。

爆轰波的汇聚加速级数分别取 3,6,9,12。如图 7-7 所示，4 种加速级数对应的前 10 s，爆轰波旋转角的振幅都有增大的趋势。0.5 秒时，加速级数 3,6,9,12 对应的爆轰波旋转角度分别为 0.1 rad、0.09 rad、0.06 rad 和 0.01 rad。第 8 秒时，旋转角分别为 0.38 rad、0.27 rad、0.12 rad 和 0.05 rad。可以看出：较大的汇聚加速级数对应的旋转角在爆炸初期保持较小的角度，最终爆轰波影响的面积也大得多。爆轰波旋转角变化受压缩波聚集加速级数的影响。

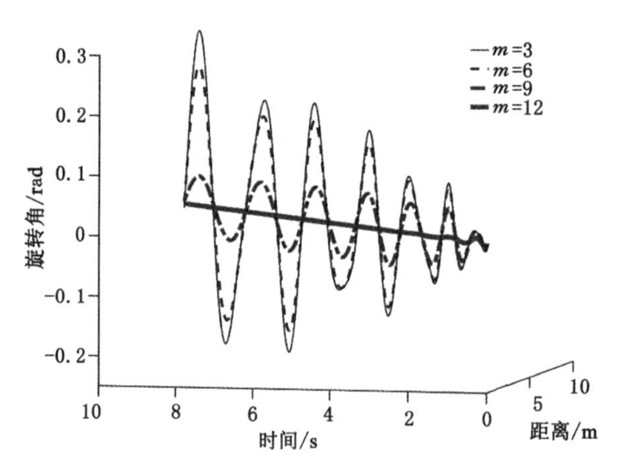

图 7-7　爆轰波加速级数对旋转角的影响

7.1.3.4　炸药类型的敏感度分析

炸药类型是影响爆炸范围和持续时间的一个重要因素[203]。本节将研究炸药类型对爆轰波旋转角度的影响。

本小节研究了不同类型的炸药对爆轰波旋转角的影响。3 种炸药类型分别为 Nitromathane(硝基甲烷)、TATB 和 PBX-9404[203,211]。图 7-8 所示为不同类型的炸药作用下爆

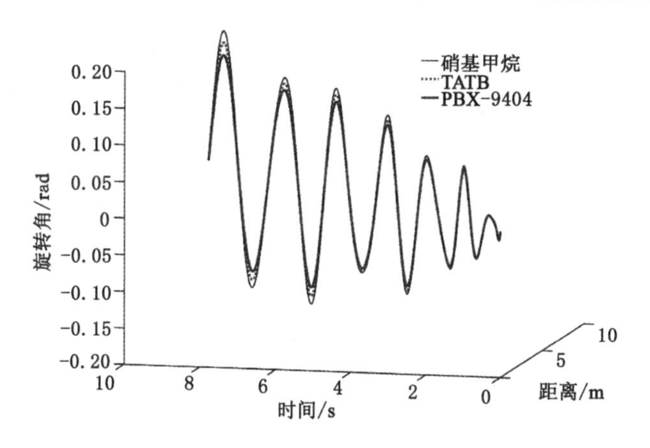

图 7-8 炸药类型对旋转角的影响

轰波旋转角随时间和距离的变化。类似的,3 种炸药作用下爆轰波旋转角的振幅在爆炸前 10 s 都呈增大趋势。在第 2 秒,硝基甲烷、TATB 和 PBX-9404 炸药爆炸后爆轰波旋转角分别转变为 0.08 rad、0.07 rad 和 0.065 rad。到第 6 秒,旋转角分别为 0.185 rad、0.17 rad 和 0.16 rad。这些结果表明:不同炸药类型对页岩燃爆致裂的爆轰波旋转角有显著影响。在爆炸后相同的时间内,硝基甲烷引发的旋转角增大更快,最终达到更强的旋转破坏。这是因为硝基甲烷的爆炸引起的 C-J 初速度较低,爆炸的影响较小,且爆轰时间持续较短。

7.2 弹性波阶段的波传播机理

7.2.1 P 波位移控制方程

随着爆轰波的径向传播,局部旋转角的值由 θ_0 不断减小。随着爆轰波的传播,页岩的变形破坏逐渐由破碎、冲击破坏转化为弹性波作用下的变形破坏。变形梯度可简化为:

$$F_j^{i(\alpha)} = \begin{vmatrix} 1 & 0 \\ 0 & 1+\dfrac{\partial^\alpha u}{\partial r^\alpha} \end{vmatrix} \tag{7-35}$$

爆轰波径向位移满足如下关系式:

$$\frac{\partial^\alpha u}{\partial r^\alpha} + 1 = \frac{1}{\cos\theta} \tag{7-36}$$

弹性波径向位移自动满足位移梯度的连续性条件。其中,页岩储层局部旋转角的连续性条件如下:

$$\left(\frac{1}{\cos\theta_c}\right)^2 = 1 + \sin^2\theta_c \tag{7-37}$$

对于波的变形梯度[式(7-35)],由于页岩储层介质具有局部连续性,P 波的运动方程为:

$$(\lambda_L + 2\mu)\frac{1}{r^2\left(1+\dfrac{\partial u}{\partial r}\right)^2}\frac{\partial}{\partial r}\left(r^2\frac{\partial u}{\partial r}\right) = \rho\frac{\partial^2 u}{\partial t^2} \tag{7-38}$$

式中　ρ——储层密度；

λ_L——拉梅常数；

μ——剪切模量。

并且有：

$$\lambda_L = \frac{3\nu E}{(1+\nu)(1-2\nu)} \tag{7-39}$$

$$\mu = \frac{E}{2(1+\nu)} \tag{7-40}$$

式中　E——页岩的弹性模量；

ν——页岩的泊松比。

7.2.2　P 波位移的解析求解

式(7-38)可以转化为：

$$\frac{\partial^2 u}{\partial r^2} + \frac{2}{r} \cdot \frac{\partial u}{\partial r} = \frac{\rho}{\lambda_L + 2\mu} \cdot \frac{\partial^2 u}{\partial t^2} \tag{7-41}$$

因此，康托尔集上的 P 波位移波动方程为：

$$\frac{\partial^{2\alpha} u}{\partial r^{2\alpha}} + \frac{2}{r^\alpha} \cdot \frac{\partial^\alpha u}{\partial r^\alpha} = \frac{\rho}{\lambda_L + 2\mu} \cdot \frac{\partial^{2\alpha} u}{\partial t^{2\alpha}} \tag{7-42}$$

式(7-42)可以转化为：

$$\frac{\partial^{2\alpha}(ru)}{\partial t^{2\alpha}} = \frac{\lambda_L + 2\mu}{\rho} \cdot \frac{\partial^{2\alpha}(ru)}{\partial r^{2\alpha}} \tag{7-43}$$

如果令

$$U = ru \tag{7-44}$$

将式(7-44)代入式(7-43)可得：

$$\frac{\partial^{2\alpha} U(r,t)}{\partial t^{2\alpha}} = a^2 \frac{\partial^{2\alpha} U(r,t)}{\partial r^{2\alpha}} \tag{7-45}$$

式中，$a^2 = \dfrac{\lambda_L + 2\mu}{\rho}$。

波动方程式(7-45)满足如下初始条件与边界条件：

$$U(r,0) = E_\alpha(r^\alpha) \tag{7-46}$$

$$\frac{\partial^\alpha U(r,0)}{\partial U^\alpha} = 0 \tag{7-47}$$

$$U(R,t) = U(0,t) = 0 \tag{7-48}$$

$$\frac{\partial^\alpha U(R,t)}{\partial U^\alpha} = \frac{\partial^\alpha U(0,t)}{\partial U^\alpha} = 0 \tag{7-49}$$

式中　R——弹性波传播的最远距离。

分数阶变分迭代法[159,212]可用来解决非线性偏微分方程式(7-45)。在分数阶变分迭代过程中，对于式(7-49)所示一般偏微分方程来说，变量 U 的变分迭代格式为：

$$L_\alpha U(\zeta) - N_\alpha U(\zeta) = 0 \tag{7-50}$$

式中　L_α——函数 u 关于变量 r 的线性算子；

N_α——φ 对应的非线性算子。

因此，分数阶方程式(7-50)的变分迭代格式如下：

$$U_{n+1}(r,t)=U_n(r,t)-\int_0^t \frac{(t-\zeta)^\alpha}{\Gamma(1+\alpha)}[L_\alpha U_n(r,\zeta)+N_\alpha \widetilde{U}_n(r,\zeta)](\mathrm{d}\zeta)^\alpha \tag{7-51}$$

函数 $U_n(r,t)$ 的初始值为：

$$U_0(r,t)=E_\alpha(r^\alpha) \tag{7-52}$$

将式(7-52)代入式(7-51)可得：

$$\begin{aligned}U_1(r,t)&=U_0(r,t)-\int_0^t \frac{(t-\zeta)^\alpha}{\Gamma(1+\alpha)}\left[\frac{\partial^{2\alpha}U_0(r,\zeta)}{\partial t^{2\alpha}}-a^2\frac{\partial^{2\alpha}U_0(r,\zeta)}{\partial r^{2\alpha}}\right](\mathrm{d}\zeta)^\alpha\\&=E_\alpha(r^\alpha)-\int_0^t \frac{(t-\zeta)^\alpha}{\Gamma(1+\alpha)}[-a^2E_\alpha(r^\alpha)](\mathrm{d}\zeta)^\alpha\\&=E_\alpha(r^\alpha)-[-a^2E_\alpha(r^\alpha)]\int_0^t \frac{(t-\zeta)^\alpha}{\Gamma(1+\alpha)}(\mathrm{d}\zeta)^\alpha\\&=E_\alpha(r^\alpha)+\{a^2E_\alpha(r^\alpha)\}\frac{t^{2\alpha}}{\Gamma(1+2\alpha)}\\&=E_\alpha(r^\alpha)\left[1+\frac{a^2t^{2\alpha}}{\Gamma(1+2\alpha)}\right]\end{aligned} \tag{7-53}$$

$$U_2(r,t)=U_1(r,t)-\int_0^t \frac{(t-\zeta)^\alpha}{\Gamma(1+\alpha)}\left[\frac{\partial^{2\alpha}U_1(r,\zeta)}{\partial t^{2\alpha}}-a^2\frac{\partial^{2\alpha}U_1(r,\zeta)}{\partial r^{2\alpha}}\right](\mathrm{d}\zeta)^\alpha$$

$$=E_\alpha(r^\alpha)\left[1+\frac{a^2t^{2\alpha}}{\Gamma(1+2\alpha)}\right]-\int_0^t \frac{(t-\zeta)^\alpha}{\Gamma(1+\alpha)}\left\{a^2E_\alpha(r^\alpha)-a^2E_\alpha(r^\alpha)\left[1+\frac{a^2t^{2\alpha}}{\Gamma(1+2\alpha)}\right]\right\}(\mathrm{d}\zeta)^\alpha$$

$$=E_\alpha(r^\alpha)\left[1+\frac{a^2t^{2\alpha}}{\Gamma(1+2\alpha)}\right]-\int_0^t \frac{(t-\zeta)^\alpha}{\Gamma(1+\alpha)}\left[a^2E_\alpha(r^\alpha)\frac{a^2t^{2\alpha}}{\Gamma(1+2\alpha)}\right](\mathrm{d}\zeta)^\alpha$$

$$=E_\alpha(r^\alpha)\left[1+\frac{a^2t^{2\alpha}}{\Gamma(1+2\alpha)}-\frac{a^4t^{4\alpha}}{\Gamma(1+4\alpha)}\right] \tag{7-54}$$

$$U_3(r,t)=U_2(r,t)-\int_0^t \frac{(t-\zeta)^\alpha}{\Gamma(1+\alpha)}\left[\frac{\partial^{2\alpha}U_2(r,\zeta)}{\partial t^{2\alpha}}-a^2\frac{\partial^{2\alpha}U_2(r,\zeta)}{\partial r^{2\alpha}}\right](\mathrm{d}\zeta)^\alpha$$

$$=-\int_0^t \frac{(t-\zeta)^\alpha}{\Gamma(1+\alpha)}\left[a^2E_\alpha(r^\alpha)\frac{a^2t^{2\alpha}}{\Gamma(1+2\alpha)}-a^4E_\alpha(r^\alpha)\left(\frac{t^{2\alpha}}{\Gamma(1+2\alpha)}-a^2\frac{t^{4\alpha}}{\Gamma(1+4\alpha)}\right)\right](\mathrm{d}\zeta)^\alpha+$$

$$E_\alpha(r^\alpha)\left(1+\frac{a^2t^{2\alpha}}{\Gamma(1+2\alpha)}-\frac{a^4t^{4\alpha}}{\Gamma(1+4\alpha)}\right)$$

$$=-E_\alpha(r^\alpha)\int_0^t \frac{(t-\zeta)^\alpha}{\Gamma(1+\alpha)}\left[a^2\frac{a^2t^{2\alpha}}{\Gamma(1+2\alpha)}-a^4\left(\frac{t^{2\alpha}}{\Gamma(1+2\alpha)}-a^2\frac{t^{4\alpha}}{\Gamma(1+4\alpha)}\right)\right](\mathrm{d}\zeta)^\alpha+$$

$$E_\alpha(r^\alpha)\left(1+\frac{a^2t^{2\alpha}}{\Gamma(1+2\alpha)}-\frac{a^4t^{4\alpha}}{\Gamma(1+4\alpha)}\right)$$

$$=E_\alpha(r^\alpha)\left(1+\frac{a^2t^{2\alpha}}{\Gamma(1+2\alpha)}-\frac{a^4t^{4\alpha}}{\Gamma(1+4\alpha)}\right)+E_\alpha(r^\alpha)\int_0^t \frac{(t-\zeta)^\alpha}{\Gamma(1+\alpha)}\left[a^6\frac{t^{4\alpha}}{\Gamma(1+4\alpha)}\right](\mathrm{d}\zeta)^\alpha$$

$$=E_\alpha(r^\alpha)\left[1+\frac{a^2t^{2\alpha}}{\Gamma(1+2\alpha)}-\frac{a^4t^{4\alpha}}{\Gamma(1+4\alpha)}+\frac{a^6t^{6\alpha}}{\Gamma(1+6\alpha)}\right] \tag{7-55}$$

$$U_4(r,t)=E_\alpha(r^\alpha)\left[1+\frac{a^2t^{2\alpha}}{\Gamma(1+2\alpha)}-\frac{a^4t^{4\alpha}}{\Gamma(1+4\alpha)}+\frac{a^6t^{6\alpha}}{\Gamma(1+6\alpha)}-\frac{a^8t^{8\alpha}}{\Gamma(1+8\alpha)}\right] \tag{7-56}$$

$$\vdots$$

于是，可以得到第 $n+1$ 步的迭代方程为：

$$U_{n+1}(r,t)=U_n(r,t)+{}_0I_r^{2\alpha}\left[\frac{\partial^{2\alpha}U_n(r,\zeta)}{\partial t^{2\alpha}}-a^2\frac{\partial^{2\alpha}U_n(r,\zeta)}{\partial r^{2\alpha}}\right]=\sum_0^n\frac{a^{2n}t^{2n\alpha}}{\Gamma(1+2n\alpha)}E_\alpha(r^\alpha) \tag{7-57}$$

最终可以得到方程式(7-44)的解：

$$U(r,t)=\frac{E_\alpha(r^\alpha)}{r}\sum_{n=0}^{\infty}\frac{a^{2n}t^{2n\alpha}}{\Gamma(1+2n\alpha)}=\frac{E_\alpha(r^\alpha)}{r}\cos h_\alpha(at^\alpha) \tag{7-58}$$

从而得到弹性波阶段的P波位移时空演化情况，如图7-9所示。

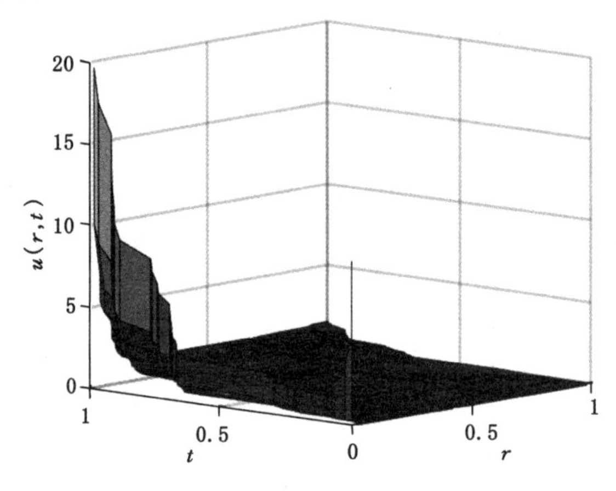

图 7-9　$\alpha=\ln 2/\ln 3$ 时P波位移的演化情况

7.2.3 计算结果讨论

上述模型描述了弹性波的传播过程，主要描述冲击波衰减为弹性波后的传播。本节得到了纵波位移的解析解。

P波位移随时间和距离的变化曲线如图7-10所示。可以看出：P波的位移是波动的，并且波的振幅在短时间内是增大的，之后随着时间的推移逐渐减小。以距爆轰中心0.108 m处为例，随着爆轰波传播，弹性波在波传播边界的作用下发生衰减。弹性波在20～30 s之

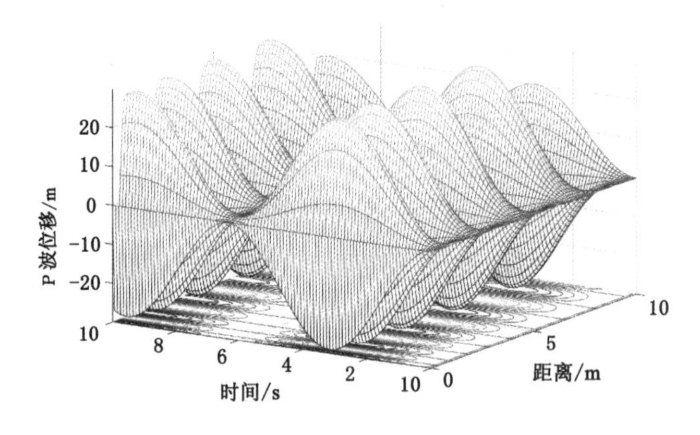

(a) 短时小范围P波位移演化特征

图 7-10　弹性波纵波位移时空演化特征

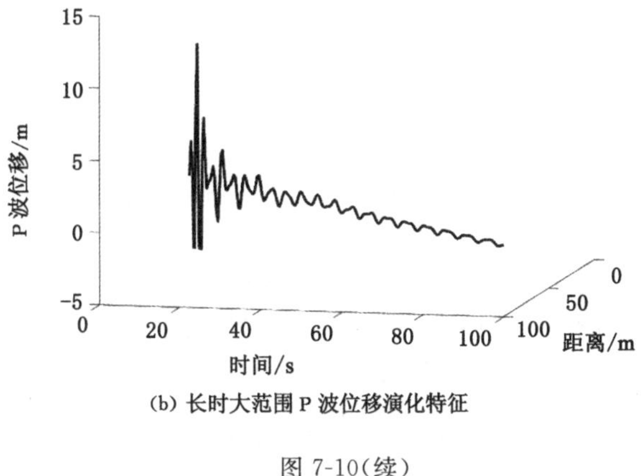

(b) 长时大范围P波位移演化特征

图 7-10(续)

间衰减幅度减小约40%。如图7-10(b)所示,20秒时P波振幅达13 m;在燃爆末期,P波振幅急剧下降。100秒时P波振幅保持在0.5 m左右。总体而言,P波振幅随距离的增大而减小。随着距燃爆中心的距离增大,燃爆引起的应力波影响范围更小,强度更弱。

7.3 本章小结

本节在经典波动方程的基础上提出了两种新的燃爆致裂页岩储层过程中局部分数阶波传播模型。分别采用分离变量法和变分迭代法对两个分数阶模型进行了解析求解。并利用解析解预测了爆轰波阶段到激波阶段的旋转角和弹性波阶段的P波位移,得出以下结论:

(1) 爆轰波收敛分叉系统的分叉参数影响燃爆致裂页岩储层过程中波的传播强度与范围。随着分叉参数增大,冲击波阶段旋转角振幅下降更快。爆轰波压缩波越收敛,冲击波能量越高,传播以及影响范围越大。

(2) 爆轰压缩波的汇聚加速级数对波的传播有影响。较大的加速级数对应的爆轰波旋转角在爆炸初期保持更小的角度,在燃爆致裂过程中波的传播范围更大。

(3) 炸药类型对爆炸冲击波的传播范围和持续时间有显著影响。硝基甲烷引发的爆炸旋转角增大更快,而PBX-9404引发的爆炸效应更大,时间更长。

8 本书主要结论

页岩储层热处理增产是应力场、温度场、气-水渗流场与裂隙岩体耦合作用的过程。本书针对页岩储层破裂增透的热-气-液-固耦合机制与产能预测问题，综合运用宏细观室内试验测试、理论建模与数值模拟分析相结合的研究方法，在矿物组分与孔裂隙结构特征、考虑基质热破裂的渗透率演化、气-水两相耦合流动和产能预测等方面取得了一些进展，主要结论如下：

(1) 试验研究了页岩渗透及孔裂隙结构特征的温度效应。

利用X射线衍射、电镜扫描、高压压汞与脉冲衰减渗透率测试，对－196～300 ℃热处理后的11组页岩试样开展了矿物成分分析、孔裂隙结构观测、孔径分布特征与渗透行为测试，研究结果表明：所测试庐山页岩主要矿物成分为石英、白云母、长石（钠长石、钾长石、斜长石）和绿泥石（含斜绿泥石），并含有少量球方解石、沸石以及非晶物质等难以区分的矿物。当温度从20 ℃升高至300 ℃时，石英、白云母的含量均呈现先减小后增大的趋势，而长石含量先增大后减小；200 ℃之前主要是孔隙和微裂隙的发育，而晶体结构并没有出现明显的变化，200 ℃之后，随着温度升高，微裂隙不断扩展，晶体结构发生严重破坏，不同的微裂隙在扩展过程中贯通，页岩依次经历热挥发导致的中孔发育、基质热膨胀导致的超微孔比例大幅上升、基质热破裂导致的中孔发育及中大孔贯通的过程。温度从20 ℃降低至－196 ℃过程中，石英含量降低，而白云母含量先增大后减小；在－38 ℃之前页岩基质冷冻收缩使孔隙总体积变小，无新孔洞发育，基质中孔隙连通性较差，当温度下降到－196 ℃时，孔裂隙开始发育，中孔逐渐转变为大孔，这些孔隙与微裂隙构成了页岩气的渗流通道。在渗透行为方面，在定围压、定测试压力、不同温度处理情况下，在20～300 ℃加热过程中，页岩渗透率呈现先增大后减小之后急剧增大的趋势，且渗透率始终大于室温时页岩渗透率，而在20 ℃降低至－196 ℃过程中，页岩渗透率依然呈现先增大后减小之后急剧增大的趋势，但是在一定范围内低于室温时渗透率数值。

(2) 提出考虑基质非均匀热破裂的三参数渗透率演化模型。

基于经典的火柴盒模型，考虑页岩中裂隙和基质的不同变形规律，将岩石储层分为“软”的部分（裂隙）和“硬”的部分（基质），分别遵循基于自然应变和工程应变的胡克定律，提出了一种考虑裂隙岩石不均匀变形和热破裂过程的三参数渗透率演化新模型，并通过5组试验数据进行了验证。该模型能够描述原生裂隙的压实和次生裂隙的形成，用统一公式描述有效应力、温度变化及裂隙和基质的本构行为差异对渗透率演化的影响。研究结果表明：温度的变化引发裂隙岩石中产生新的裂隙，在岩石热破裂过程中存在临界温度，当温度低于临界值时，几乎没有新的裂隙产生，岩石经历压实过程，基质的热膨胀会导致岩石整体渗透率降低;当温度高于临界值时,基质中产生许多新的裂隙,渗透率急剧增大。另外,岩石中软的部分对渗透率的演化具有重要意义,软的部分体积比例越高,温度变化过程中渗透率演化越剧烈,当岩石“更软”时,渗透率对温度变化更敏感。

(3) 页岩储层中气-水两相流模型的迭代解析解。

建立考虑页岩气溶解度的气-水两相流耦合数学模型,并用行波法和变分迭代法求得模型解析解。与以往解析解不同,该解析解没有忽略两相流控制方程中的非线性项。将该模型产量解析解分别与巴涅特水平页岩气井及中国页岩气藏反排阶段和长期生产阶段的现场生产数据进行了比较分析,进一步考察了非线性项、气体溶解度和毛细压力对页岩气产能预测结果的影响。研究结果表明:考虑两相流模型控制方程中的非线性项,将预测较慢的页岩气产量下降速度,页岩气总产量预测值较高;页岩气溶解度取值越大,对页岩气预测产量的影响越大,页岩气生产速率下降越快,生产后期产气速率更低;毛细进入压力对页岩气的预测产量影响较大,较高的毛细进入压力导致页岩气产量快速下降。

(4) 裂隙页岩储层的热-气-水流动耦合机制分析。

提出了一种全新的分数阶热传导模型和热-气-水耦合渗流模型,以描述页岩储层迂曲孔裂隙中的热传导与热-气-水耦合渗流机制。将渗流方程和热传导方程以分数阶的时间导数和空间导数相结合,通过局部分数阶微积分理论与局部分数阶行波变换分别对两种模型进行了解析求解。由分数阶热传导模型得到了流体速度与温度的解析解,并讨论了注入温度、达西速度对地层温度的影响;由分数阶热-气-水耦合渗流模型得到了气、水压力和气、水产量的解析解,并通过气、水生产速率现场数据进行了验证。研究结果表明:注热可以提高页岩气开采过程中的采收率,一定时期内页岩储层的温度均呈现阶梯式时空分布;注入温度越高,气体生产速率下降越慢,生产后期的产气速率越高;分数阶维数越低,流体流动路径越迂曲,意味着在相同的直线距离内,会有更多的热量传递,而分数阶维数取值越高,气体产量下降越快,生产后期的产气速率越低。

(5) 页岩气注热开采的热-气-液-固耦合机制分析。

建立了页岩气注热开采的热-气-液-固耦合模型,该模型包含页岩储层变形场、气-水两相渗流场、温度场与裂隙场,利用该模型对温度处理后页岩试样的真实微观结构进行数值建模,模拟了页岩试样中温度的传播路径及渗透率的时空演化过程,分析了储层热处理对页岩气产量的影响。研究结果表明:温度升高促进了页岩气解吸与部分溶解气的转化,气-水渗流速率改变引起页岩储层骨架的变形,固体变形又引起孔隙压力与毛细压力的变化,因此注热会导致毛细压力的升高与游离气含量的增大;在温度升高过程中,页岩气解吸作用加快,大量的自由气体在裂隙系统中流动,导致页岩内部裂隙系统的渗透率显著提高;相比于常规开采,页岩储层注热改变了储层温度分布,进而对页岩固体变形与渗流产生热刺激,在生产周期的前半段可显著提高页岩气产量,本书工况模拟结果显示:注热 27.4 a 后,页岩气的产量提高了 58.7%。

(6) 页岩储层燃爆致裂的爆轰波传播机制研究。

针对燃爆致裂页岩储层工况,提出了两种局部分数阶波传播模型。应用分离变量法和变分迭代法对两个分数阶模型进行了解析求解。并利用解析解预测了爆轰波阶段到激波阶段的旋转角和弹性波阶段的 P 波位移。研究结果表明:爆轰波收敛分叉系统的分叉参数,影响燃爆致裂页岩储层过程中波的传播强度与范围。随着分叉参数增大,冲击波阶段旋转角振幅下降增快。爆轰压缩波越收敛，冲击波能量越高，传播以及影响范围越大。同时爆轰压缩波的汇聚加速级数对波的传播有影响。较大的加速级数对应的爆轰波旋转角在爆炸初期保持更小的角度，而在燃爆致裂过程中波的传播范围更大。炸药类型对爆轰波的传播范围和持续时间有显著影响。硝基甲烷引发的爆炸旋转角增大更快，而 PBX-9404 引发的爆炸效应更大，时间更长。

参考文献

[1] 陆争光,高鹏,马晨波,等.页岩气采出水污染及处理技术进展[J].天然气与石油,2015,33(6):90-95.

[2] 张金川,金之钧,袁明生.页岩气成藏机理和分布[J].天然气工业,2004,24(7):15-18.

[3] 张金川,聂海宽,徐波,等.四川盆地页岩气成藏地质条件[J].天然气工业,2008,28(2):151-156.

[4] 邹才能,杨智,朱如凯,等.中国非常规油气勘探开发与理论技术进展[J].地质学报,2015,89(6):979-1007.

[5] DAI J X,NI Y Y,WU X Q. Tight gas in China and its significance in exploration and exploitation[J]. Petroleum exploration and development,2012,39(3):277-284.

[6] 康玉柱,周磊.中国非常规油气的战略思考[J].地学前缘,2016,23(2):1-7.

[7] 谢和平,高峰,鞠杨,等.页岩气储层改造的体破裂理论与技术构想[J].科学通报,2016,61(1):36-46.

[8] EIA. World shale gas resources: An initial assessment of 14 regions outside the united states[R]. [S. l. :s. n.],2011.

[9] EIA. Annual energy outlook 2014[R]. London:[s. n.],2014.

[10] 姚军,孙海,黄朝琴,等.页岩气藏开发中的关键力学问题[J].中国科学:物理学 力学天文学,2013,43(12):1527-1547.

[11] 李玉喜,张大伟,张金川.页岩气新矿种的确立依据及其意义[J].天然气工业,2012,32(7):93-98.

[12] YANG S Q,YIN P F,RANJITH P G. Experimental study on mechanical behavior and brittleness characteristics of longmaxi formation shale in Changning, Sichuan Basin,China[J]. Rock mechanics and rock engineering,2020,53(5):2461-2483.

[13] 李倘儒.赣西北上震旦统一下寒武统页岩气地质条件浅析[C]//江西省地质学会2015年论文汇编集Ⅱ.南昌:江西科学技术出版社,2015:47-55.

[14] 肖钢,唐颖.页岩气及其勘探开发[M].北京:高等教育出版社,2012.

[15] 游利军,李鑫磊,康毅力,等.富有机质页岩储层热激致裂增渗的有利条件[J].天然气地球科学,2020,31(3):325-334.

[16] 晁明伟,张立军,王早祥,等.中国页岩气产业的发展现状及趋势[J].电力与能源进展,2014(2):33-39.

[17] 王欢,廖新维,赵晓亮,等.非常规油气藏储层体积改造模拟技术研究进展[J].特种油

气藏,2014,21(2):8-15.
[18] MATT B,BILL G. Special techniques tap shale gas[J]. Exploration and production in hart energy,2007,80(3): 89-93.
[19] WANG F P,REED R M,JOHN A,et al. Pore networks and fluid flow in gas shales [C]//The SPE Annual Technical Conference and Exhibition. New Orleans: [s. n.],2009.
[20] 蒋裕强,董大忠,漆麟,等.页岩气储层的基本特征及其评价[J].天然气工业,2010,30(10):7-12.
[21] 付永强,马发明,曾立新,等.页岩气藏储层压裂实验评价关键技术[J].天然气工业,2011,31(4):51-54.
[22] 丁文龙,李超,李春燕,等.页岩裂缝发育主控因素及其对含气性的影响[J].地学前缘,2012,19(2):212-220.
[23] 唐颖,邢云,李乐忠,等.页岩储层可压裂性影响因素及评价方法[J].地学前缘,2012,19(5):356-363.
[24] 陈昱林.泥页岩微观孔隙结构特征及数字岩心模型研究[D].成都:西南石油大学,2016.
[25] 赵贵杰.油页岩热损伤演化特性及损伤模型研究[D].长春:吉林大学,2015.
[26] 谢晓永,唐洪明,王春华,等.氮气吸附法和压汞法在测试泥页岩孔径分布中的对比[J].天然气工业,2006,26(12):100-102.
[27] 彭钰洁,刘鹏,吴佩津.页岩有机质热演化过程中孔隙结构特征研究[J].特种油气藏,2018,25(5):141-145.
[28] REED R M,JOHN A,KATHERINE G. Nanopores in the Missippian Barnett shale: Distribution, morphology, and possible genesis [C]//GSA Annual Meeting & Exposition,Denver,Colorado,USA,October,2007 Denver: The Geological Society of America,2007:28-31.
[29] BUSTIN R M,BUSTIN A M M,CUI X,et al. Impact of shale properties on pore structure and storage characteristics[C]//The SPE Shale Gas Production Conference. Fort Worth: [s. n.],2008:16-18.
[30] SISK C,DIAZ E,WALLS J,et al. 3D visualization and classification of pore structure and pore filling in gas shales [C]//The SPE Annual Technical Conference and Exhibition. Florence:[s. n.],2010.
[31] 聂海宽,张金川.页岩气储层类型和特征研究:以四川盆地及其周缘下古生界为例[J].石油实验地质,2011,33(3):219-225.
[32] 张烈辉,郭晶晶,唐洪明.页岩气藏开发基础[M].北京:石油工业出版社,2014.
[33] 柳占立,庄茁,孟庆国,等.页岩气高效开采的力学问题与挑战[J].力学学报,2017,49(3):507-516.
[34] JOHNSTON J E,CHRISTENSEN N I. Seismic anisotropy of shales[J]. Journal of geophysical research:solid earth,1995,100(B4):5991-6003.
[35] NIANDOU H, SHAO J F, HENRY J P, et al. Laboratory investigation of the

mechanical behaviour of Tournemire shale[J]. International journal of rock mechanics and mining sciences,1997,34(1):3-16.

[36] DEWHURST D,SIGGINS A,KUILA U,et al. Rock physics,geomechanics and rock properties in shales—where are the links? [C]//Proceedings of the First Southern Hemisphere International Rock Mechanics Symposium. Perth:Australian Centre for Geomechanics,2008.

[37] KUILA U,DEWHURST D N,SIGGINS A F,et al. Stress anisotropy and velocity anisotropy in low porosity shale[J]. Tectonophysics,2011,503(1-2):34-44.

[38] JOSH M,ESTEBAN L,PIANE C D,et al. Laboratory characterisation of shale properties[J]. Journal of petroleum science and engineering,2012,88/89:107-124.

[39] KIM H,CHO J W,SONG I,et al. Anisotropy of elastic moduli,P-wave velocities,and thermal conductivities of Asan Gneiss,Boryeong Shale,and Yeoncheon Schist in Korea[J]. Engineering geology,2012,147/148:68-77.

[40] MAHANTA B,TRIPATHY A,VISHAL V,et al. Effects of strain rate on fracture toughness and energy release rate of gas shales[J]. Engineering geology,2016,218:39-49.

[41] BIENIAWSKI Z T. Mechanism of brittle fracture of rock:part II-experimental studies [J]. International journal of rock mechanics and mining sciences & geomechanics abstracts,1967,4(4):407-423.

[42] LOUCKS R G,REED R M,RUPPEL S C,et al. Morphology,genesis,and distribution of nanometer-scale pores in siliceous mudstones of the Mississippian barnett shale [J]. Journal of sedimentary research,2009,79(12):848-861.

[43] JAVADPOUR F,FISHER D,UNSWORTH M. Nanoscale gas flow in shale gas sediments[J]. Journal of Canadian petroleum technology,2007,46(10): 16-21.

[44] 付晓飞,尚小钰,孟令东. 低孔隙岩石中断裂带内部结构及与油气成藏[J]. 中南大学学报(自然科学版),2013,44(6):2428-2438.

[45] 魏明强,段永刚,方全堂,等. 页岩气藏孔渗结构特征和渗流机理研究现状[J]. 油气藏评价与开发,2011,1(4):73-77.

[46] 李武广,杨胜来,陈峰,等. 温度对页岩吸附解吸的敏感性研究[J]. 矿物岩石,2012,32(2):115-120.

[47] 汪吉林,刘桂建,王维忠,等. 川东南龙马溪组页岩孔裂隙及渗透性特征[J]. 煤炭学报,2013,38(5):772-777.

[48] ZELENEV A S,ZHOU H,ELLENA L B,et al. Microemulsion-assisted fluid recovery and improved permeability to gas in shale formations [C]//SPE Formation Evaluation. Lafayette:[s. n.],2010:SPE127922.

[49] 郭为,熊伟,高树生,等. 页岩气等温吸附/解吸特征[J]. 中南大学学报(自然科学版),2013,44(7):2836-2840.

[50] 马利成,薛世峰,马收. 热采过程中井眼热应力定量评价方法[J]. 油气地质与采收率,2006,13(5):91-93.

[51] 马占国，茅献彪，李玉寿，等.温度对煤力学特性影响的实验研究[J].矿山压力与顶板管理，2005(3):46-48.

[52] 唐世斌，唐春安，朱万成，等.热应力作用下的岩石破裂过程分析[J].岩石力学与工程学报，2006，25(10):2071-2078.

[53] 郑慧慧，刘希亮，谌伦建.高温下岩石单向约束的热应力分析[J].路基工程，2008(5):12-13.

[54] 李维特，黄保海，毕仲波.热应力理论分析及应用[M].北京：中国电力出版社，2004:59-67.

[55] HORSRUD P，SØNSTEBØ E F，BØE R. Mechanical and petrophysical properties of north sea shales[J]. International journal of rock mechanics and mining sciences，1998，35(8):1009-1020.

[56] TIWARI P，DEO M，LIN C L，et al. Characterization of oil shale pore structure before and after pyrolysis by using X-ray micro CT[J]. Fuel，2013，107:547-554.

[57] MASRI M，SIBAI M，SHAO J F，et al. Experimental investigation of the effect of temperature on the mechanical behavior of Tournemire shale[J]. International journal of rock mechanics and mining sciences，2014，70:185-191.

[58] ESEME E，KROOSS B M，LITTKE R. Evolution of petrophysical properties of oil shales during high-temperature compaction tests: implications for petroleum expulsion[J]. Marine and petroleum geology，2012，31(1):110-124.

[59] 康志勤，赵阳升，孟巧荣，等.油页岩热破裂规律显微 CT 实验研究[J].地球物理学报，2009，52(3):842-848.

[60] 杨栋，康志勤，赵静，等.油页岩高温 CT 实验研究[J].太原理工大学学报，2011，42(3):255-257.

[61] 孟陆波，李天斌，徐进，等.高温作用下围压对页岩力学特性影响的试验研究[J].煤炭学报，2012，37(11):1829-1833.

[62] 于永军，梁卫国，毕井龙，等.油页岩热物理特性试验与高温热破裂数值模拟研究[J].岩石力学与工程学报，2015，34(6):1106-1115.

[63] 赵静.油页岩热解渗透及内部结构变化相关规律实验研究[D].太原：太原理工大学，2011.

[64] 周昱坤，杨栋，赵静，等.油页岩在不同温度下内部微观结构的研究[J].煤炭技术，2015，34(6):287-289.

[65] WANG S G，ELSWORTH D，LIU J S. Permeability evolution during progressive deformation of intact coal and implications for instability in underground coal seams [J]. International journal of rock mechanics and mining sciences，2013，58:34-45.

[66] CAULK R A，GHAZANFARI E，PERDRIAL J N，et al. Experimental investigation of fracture aperture and permeability change within enhanced geothermal systems [J]. Geothermics，2016，62:12-21.

[67] KELLER L M，HOLZER L. Image-based upscaling of permeability in opalinus clay [J]. Journal of geophysical research: solid earth，2018，123(1):285-295.

[68] ZOBACK M D,BYERLEE J D. The effect of microcrack dilatancy on the permeability of westerly granite[J]. Journal of geophysical research,1975,80(5):752-755.

[69] CHAE B G,JEONG G C,KIM H J,et al. Changes of permeability characteristics dependent on damage process in granites[J]. Geosciences journal, 2005, 9(4): 339-346.

[70] LIU J R,LI B Y,TIAN W,et al. Investigating and predicting permeability variation in thermally cracked dry rocks[J]. International journal of rock mechanics and mining sciences,2018,103:77-88.

[71] PERERA M S A,RANJITH P G,CHOI S K,et al. Investigation of temperature effect on permeability of naturally fractured black coal for carbon dioxide movement: an experimental and numerical study[J]. Fuel,2012,94:596-605.

[72] GAUNT H E,SAMMONDS P R,MEREDITH P G,et al. Effect of temperature on the permeability of lava dome rocks from the 2004-2008 eruption of Mount St. Helens [J]. Bulletin of volcanology,2016,78(4):1-11.

[73] VOROBIEV O Y,MORRIS J P. Modeling dynamic fracture in granite under in situ conditions at high temperatures and pressures[J]. International journal of rock mechanics and mining sciences,2019,113:241-254.

[74] YIN G Z,JIANG C B,WANG J G,et al. Combined effect of stress,pore pressure and temperature on methane permeability in anthracite coal: an experimental study[J]. Transport inporous media,2013,100(1):1-16.

[75] JU Y,WANG J G,WANG H J,et al. CO2 permeability of fractured coal subject to confining pressures and elevated temperature: experiments and modeling[J]. Sciencechina technological sciences,2016,59(12):1931-1942.

[76] AKBARZADEH H,CHALATURNYK R J. Structural changes in coal at elevated temperature pertinent to underground coal gasification: a review[J]. International journal of coal geology,2014,131:126-146.

[77] NIU S W,ZHAO Y S,HU Y Q. Experimental ivestigation of the temperature and pore pressure effect on permeability of lignite under the in situ condition[J]. Transport in porous media,2014,101:137-148.

[78] YANG S Q,RANJITH P G,JING H W,et al. An experimental investigation on thermal damage and failure mechanical behavior of granite after exposure to different high temperature treatments[J]. Geothermics,2017,65:180-197.

[79] YANG S Q,XU P,LI Y B,et al. Experimental investigation on triaxial mechanical and permeability behavior of sandstone after exposure to different high temperature treatments[J]. Geothermics,2017,69:93-109.

[80] LIU S X,WANG Z X,ZHANG L Y. Experimental study on the cracking process of layered shale using X-ray microCT[J]. Energy exploration & exploitation,2018, 36(2):297-313.

[81] CHA M S, YIN X L, KNEAFSEY T, et al. Cryogenic fracturing for reservoir

stimulation-Laboratory studies[J]. Journal of petroleum science and engineering, 2014,124:436-450.

[82] BERRYMAN J G. Estimates and rigorous bounds on pore-fluid enhanced shear modulus in poroelastic media with hard and soft anisotropy[J]. International journal of damage mechanics,2006,15(2):133-167.

[83] WEI Z J,ZHANG D X. Coupled fluid-flow and geomechanics for triple-porosity/dual-permeability modeling of coalbed methane recovery[J]. International journal of rock mechanics and mining sciences,2010,47(8):1242-1253.

[84] WU Y, LIU J S, CHEN Z W, et al. A dual poroelastic model for CO_2-enhanced coalbed methane recovery[J]. International journal of coal geology, 2011, 86(2/3): 177-189.

[85] WANG J G,KABIR A,LIU J S,et al. Effects of non-Darcy flow on the performance of coal seam gas wells[J]. International journal of coal geology,2012,93:62-74.

[86] CHAREONSUPPANIMIT P, MOHAMMAD S A, JR ROBINSON R L, et al. Modeling gas-adsorption-induced swelling and permeability changes in coals[J]. International journal of coal geology,2014,121:98-109.

[87] TENG T,WANG J G,GAO F,et al. A thermally sensitive permeability model for coal-gas interactions including thermal fracturing and volatilization[J]. Journal of natural gas science and engineering,2016,32:319-333.

[88] JIN L, ZOBACK M D. Fully coupled nonlinear fluid flow and poroelasticity in arbitrarily fractured porous media: a hybrid-dimensional computational model[J]. Journal of geophysical research:solid earth,2017,122(10):7626-7658.

[89] LIU H H,RUTQVIST J,BERRYMAN J G. On the relationship between stress and elastic strain for porous and fractured rock[J]. International journal of rock mechanics and mining sciences,2009,46(2):289-296.

[90] WANG J G,HU B W,LIU H,et al. Effects of 'soft-hard' compaction and multiscale flow on the shale gas production from a multistage hydraulic fractured horizontal well [J]. Journal of petroleum science and engineering,2018,170:873-887.

[91] FREED A D. Natural strain[J]. Journal of engineering materials and technology, 1995,117(4):379-385.

[92] JAEGER J C,COOK N G W,ZIMMERMAN R W. Fundamentals of rock mechanics [M]. Fourth edition. Oxford: Wiley-Blackwell Publishing,2007: 488.

[93] ZHENG J T,JU Y,LIU H H,et al. Numerical prediction of the decline of the shale gas production rate with considering the geomechanical effects based on the two-part Hooke's model[J]. Fuel,2016,185:362-369.

[94] PAN Z J,CONNELL L D. Modelling permeability for coal reservoirs: a review of analytical models and testing data[J]. International journal of coal geology,2012,92: 1-44.

[95] GHANIZADEH A, GASPARIK M, AMANN-HILDENBRAND A, et al.

Experimental study of fluid transport processes in the matrix system of the European organic-rich shales: Ⅰ. Scandinavian Alum Shale[J]. Marine and petroleum geology, 2014,51:79-99.

[96] CHEN D,PAN Z J,SHI J Q,et al. A novel approach for modelling coal permeability during transition from elastic to post-failure state using a modified logistic growth function[J]. International journal of coal geology,2016,163:132-139.

[97] FERTIG R S I, NICKERSON S T. Towards prediction of thermally induced microcrack initiation and closure in porous ceramics[J]. Journal of the American ceramic society,2015,99(2):581-588.

[98] LI T X, SONG H Q, WANG J L, et al. An analytical method for modeling and analysis gas-water relative permeability in nanoscale pores with interfacial effects[J]. International journal of coal geology,2016,159:71-81.

[99] ZHENG C S, LIN B Q, KIZIL M S, et al. Analysis on the multi-phase flow characterization in cross-measure borehole during coal hydraulic slotting [J]. International journal of mining science and technology,2018,28(4):701-705.

[100] MAHABADI N,ZHENG X L,YUN T S,et al. Gas bubble migration and trapping in porous media:pore-scale simulation[J]. Journal of geophysical research:solid earth, 2018,123(2):1060-1071.

[101] NOBAKHT M,CLARKSON C R R. A new analytical method for analyzing linear flow in tight/shale gas reservoirs:constant-flowing-pressure boundary condition[J]. SPE reservoir evaluation & engineering,2012,15(3):370-384.

[102] WANG J G,PENG Y. Numerical modeling for the combined effects of two-phase flow,deformation,gas diffusion and CO_2 sorption on caprock sealing efficiency[J]. Journal of geochemical exploration,2014,144:154-167.

[103] WANG H M,WANG J G,GAO F,et al. A two-phase flowback model for multiscale diffusion and flow in fractured shale gas reservoirs[J]. Geofluids,2018:5910437.

[104] FU X H,JIAN K,DING Y M,et al. Gas content simulation of three-phase state in low rank coal reservoir[M]. Beijing:Science Press,2015:48-49.

[105] LIU A H,FU X H,WANG K X,et al. Investigation of coalbed methane potential in low-rank coal reservoirs - Free and soluble gas contents[J]. Fuel,2013,112:14-22.

[106] PAZDNIAKOU A,DYMITROWSKA M. Migration of gas in water saturated clays by coupled hydraulic-mechanical model[J]. Geofluids,2018:6873298.

[107] ZHOU Y,MENG Q,LIN B Q,et al. A simple method for solving unidirectional methane gas flow in coal seam based on similarity solution[J]. International journal of mining science and technology,2018,28(2):331-334.

[108] CLARKSON C R,BUSTIN R M,SEIDLE J P. Production-data analysis of single-phase (gas) coalbed-methane wells[J]. SPE reservoir evaluation & engineering, 2007,10(3):312-331.

[109] ROADIFER R D,KALAEI M H. Pseudo-pressure and pseudo-time analysis for

unconventional oil reservoirs with new expressions for average reservoir pressure during transient radial and linear flow[C]//Unconventional Resources Technology Conference. San Antonio, Texas, USA. Society of Petroleum Engineers, 2015.

[110] SURESHJANI M H, BEHMANESH H, CLARKSON C R. A new semi-analytical method for analyzing production data from constant flowing pressure wells in gas condensate reservoirs during boundary-dominated flow[C]//All Days. April 17-18, 2014. Denver, Colorado. SPE, 2014.

[111] BEHMANESH H, ANDERSON D M, THOMPSON J M, ET AL. An improved practical solution for modeling single phase multi-fractured horizontal well performance[C]//Paper SPE 185063 Prepared at the SPE Unconventional Resources Conference. Calgary:[s. n.], 2017:15-16.

[112] WANG S R, CHENG L S, XUE Y C, et al. A semi-analytical method for simulating two-phase flow performance of horizontal volatile oil wells in fractured carbonate reservoirs[J]. Energies, 2018, 11(10):2700.

[113] ADIBIFARD M. A novel analytical solution to estimate residual saturation of the displaced fluid in a capillary tube by matching time-dependent injection pressure curves[J]. Physics of fluids, 2018, 30(8):082107.

[114] YANG R, HUANG Z, LI G, et al. An innovative approach to model two-phase flowback of shale gas wells with complex fracture networks[C]//Proceedings of the SPE Technical Conference and Exhibition. Dubai:[s. n.], 2016.

[115] HE J H. Approximate analytical solution for seepage flow with fractional derivatives in porous media[J]. Computer methods in applied mechanics and engineering, 1998, 167(1/2):57-68.

[116] AYUB K, YAQUB KHAN M, ASHRAF M, et al. On some results of third-grade non-Newtonian fluid flow between two parallel plates[J]. Theeuropean physical journal plus, 2017, 132(12):552.

[117] SALMACHI A, HAGHIGHI M. Feasibility study of thermally enhanced gas recovery of coal seam gas reservoirs using geothermal resources[J]. Energy & fuels, 2012, 26(8):5048-5059.

[118] THORAM S, EHLIG-ECONOMIDES C. Heat transfer application for the stimulated reservoir volume[C]//Paper Presented at the SPE Annual Technical Conference and exhibition. Denver:[s. n.], 2011.

[119] ZHOU F D, HUSSAIN F, CINAR Y. Injecting pure N_2 and CO_2 to coal for enhanced coalbed methane: experimental observations and numerical simulation [J]. International journal of coal geology, 2013, 116/117:53-62.

[120] QU H Y, LIU J S, CHEN Z W, et al. Complex evolution of coal permeability during CO_2 injection under variable temperatures[J]. International journal of greenhouse gas control, 2012, 9:281-293.

[121] WANG H Y, MERRY H, AMORER G, et al. Enhance hydraulic fractured coalbed

methane recovery by thermal stimulation[C]//Proceedings, Society of Petroleum Engineers. Calgary:[s. n.],2015.

[122] LEWIS R W,ROBERTS P J,SCHREFLER B A. Finite element modelling of two-phase heat and fluid flow in deforming porous media[J]. Transport inporous media, 1989,4(4):319-334.

[123] TARON J,ELSWORTH D. Thermal-hydrologic-mechanical-chemical processes in the evolution of engineered geothermal reservoirs[J]. International journal of rock mechanics and mining sciences,2009,46(5):855-864.

[124] NOORISHAD J,TSANG C F,WITHERSPOON P A. Coupled thermal-hydraulic-mechanical phenomena in saturated fractured porous rocks:numerical approach[J]. Journal of geophysical research:solid earth,1984,89(b12):10365-10373.

[125] TENG T,ZHAO Y X,GAO F,et al. A fully coupled thermo-hydro-mechanical model for heat and gas transfer in thermal stimulation enhanced coal seam gas recovery[J]. International journal of heat and mass transfer,2018,125:866-875.

[126] LI S,FAN C J,HAN J,et al. A fully coupled thermal-hydraulic-mechanical model with two-phase flow for coalbed methane extraction[J]. Journal of natural gas science and engineering,2016,33:324-336.

[127] SHANG X J, WANG J G, YANG X J. Fractal analysis for heat extraction in geothermal system[J]. Thermal science,2017,21(suppl. 1):25-31.

[128] YANG X J,TENREIRO MACHADO J A,BALEANU D,et al On Exact Traveling-wave solutions for local fractional Korteweg-de Vries Equation[J]. Chaos: an interdisciplinary journal of nonlinear science,2016,26(8):084312.

[129] YANG X J, BALEANU D. Fractal heat conduction problem solved by local fractional variation iteration method[J]. Thermal science,2013,17(2):625-628.

[130] ABDALLAH G,THORAVAL A,SFEIR A,et al. Thermal convection of fluid in fractured media[J]. International journal of rock mechanics and mining sciences & geomechanics abstracts,1995,32(5):481-490.

[131] ANDERSON D M,NOBAKHT M,MOGHADAM S,et al. Analysis of production data from fractured shale gas wells [C]//Society of Petroleum Engineers. Pittsburgh:[s. n.],2010.

[132] SYMINGTON W. ExxonMobil′s electrofrac processTM for in situ oil shale conversion[R]//26th Oil Shale Symposium. Golden:Colorado School of Mines. [S. l. :s. n.],2006.

[133] SYMINGTON W. Field testing of electrofrac™ process elements at ExxonMobil′s colony mine[C]//29th Oil Shale Symposium. Golden: Colorado School of Mines. [S. l. :s. n.],2009.

[134] SADEGHI A, HASSANZADEH H, HARDING T G. Thermal analysis of high frequency electromagnetic heating of lossy porous media[J]. Chemical engineering science,2017,172:13-22.

[135] YAHYA N,KASHIF M,NASIR N,et al. Cobalt ferrite nanoparticles:an innovative

approach for enhanced oil recovery application[J]. Journal of nanoresearch,2012,17:115-126.

[136] 李隽,汤达祯,薛华庆,等. 中国油页岩原位开采可行性初探[J]. 西南石油大学学报(自然科学版),2014,36(1):58-64.

[137] MUTYALA S,FAIRBRIDGE C,PARÉ J R J,et al. Microwave applications to oil sands and petroleum:a review[J]. Fuel processing technology,2010,91(2):127-135.

[138] THORAM S, EHLIG-ECONOMIDES C. Heat transfer applications for the stimulated reservoir volume[C]//Integrated Ferroelectrics. Denver:[s. n.] ,2011.

[139] HODA N, FANG C, LIN M W, et al. Numerical Modeling of ExxonMobil's Electrofrac™ Field Experiment at Colony Mine[C]//30th Oil Shale Symposium. Golden:Colorado School of Mines,2010.

[140] WANG H Y, AJAO O, ECONOMIDES M J. Conceptual study of thermal stimulation in shale gas formations [J]. Journal of natural gas science and engineering,2014,21:874-885.

[141] ZHU G P, YAO J, SUN H, et al. The numerical simulation of thermal recovery based on hydraulic fracture heating technology in shale gas reservoir[J]. Journal of natural gas science and engineering,2016,28:305-316.

[142] AHMADI M, DAHI TALEGHANI A. Impact of thermally reactivated micro-natural fractures on well productivity in shale reservoirs, a numerical study[J]. Journal of natural gas science and engineering,2016,35:583-592.

[143] TENG T, WANG J G, GAO F, et al. Impact of water film evaporation on gas transport property in fractured wet coal seams[J]. Transport inporous media,2016,113(2):357-382.

[144] 刘嘉. 页岩气多尺度运移特征与协同机理研究[D]. 徐州:中国矿业大学,2019.

[145] HUGHES J D. A reality check on the shale revolution[J]. Nature,2013,494(7437):307-308.

[146] WU J J,LIU L C,ZHAO G H,et al. Research and exploration of high energy gas fracturing stimulation integrated technology in Chinese shale gas reservoir [J]. Advanced materials research,2012,524/525/526/527:1532-1536.

[147] JU Y W,WANG G C,BU H L,et al. China organic-rich shale geologic features and special shale gas production issues[J]. Journal of rock mechanics and geotechnical engineering,2014,6(3):196-207.

[148] WU J J,LIU J,ZHAO J Z,et al. Research on explosive fracturing technology of liquid explosives in micro-cracks in low permeability reservoirs[J]. IOP conference series:materials science and engineering,2019,592(1):012100.

[149] WU F P,WEI X M,CHEN Z X,et al. Numerical simulation and parametric analysis for designing High Energy Gas Fracturing[J]. Journal of natural gas science and engineering,2018,53:218-236.

[150] ROBERTS L N. Liquid Explosive for well fracturing:US3659652A[P]. 1972-05-02.

[151] YE Q,LIN B Q,JIA Z Z,et al. Propagation law and analysis of gas explosion in bend duct[J]. Procedia earth and planetary science,2009,1(1):316-321.

[152] SHANG X J,WANG J G,ZHANG Z Z,et al. A three-parameter permeability model for the cracking process of fractured rocks under temperature change and external loading[J]. International journal of rock mechanics and mining sciences, 2019, 123:104106.

[153] XIE H P. Fractals in rock mechanics[M]. Rotterdam: A. A. Balkema Publisher, 1993:303-308.

[154] ZHAI C, LIN B Q, YE Q, et al. Influence of geometry shape on gas explosion propagation laws in bend roadways[J]. Procediaearth and planetary science,2009, 1(1):193-198.

[155] SMOLLER J. Shock waves and reaction-diffusion equations[M]. New York: Springer-Verlag New York Inc. ,1983: 337-358.

[156] XIAOJUN Y. Advanced local fractional calculus and its applications[M]. New York:World Science Publishing,2012.

[157] SU W H,YANG X J,JAFARI H,et al. Fractional complex transform method for wave equations on Cantor sets within local fractional differential operator[J]. Advances indifference equations,2013,2013:97.

[158] SU W H,BALEANU D,YANG X J,et al. Damped wave equation and dissipative wave equation in fractal strings within the local fractional variational iteration method[J]. Fixedpoint theory and applications,2013,2013:89.

[159] YANG Y J, BALEANU D, YANG X J. A local fractional variational iteration method for Laplace equation within local fractional operators[J]. Abstract and applied analysis,2013:202650.

[160] SHANG X J, WANG J G, ZHANG Z Z. Analytical solutions of fractal-hydro-thermal model for two-phase flow in thermal stimulation enhanced coalbed methane recovery[J]. Thermalscience,2019,23(3 Part A):1345-1353.

[161] SHANG X J, WANG J G, YANG X J. Fractal analysis for heat extraction in geothermal system[J]. Thermalscience,2017,21(suppl. 1):25-31.

[162] 江西省能源局. 江西省页岩气勘探、开发、利用规划(2011-2020 年)[EB/OL]. https://max. book118. com/html/2016/0228/36299015. shtm.

[163] 于荣泽,卞亚南,张晓伟,等. 页岩储层非稳态渗透率测试方法综述[J]. 科学技术与工程,2012,12(27):7019-7027.

[164] ALPERN J S, MARONE C J, ELSWORTH D. Exploring the physicochemical processes that govern hydraulic fracture through laboratory experiments[C]//The 46th US Rock Mechanics/Geomechanics Symposium. Chicago:[s. n.],2012.

[165] GAN Q, ELSWORTH D, ALPERN J S, et al. Breakdown pressures due to infiltration and exclusion in finite length boreholes[J]. Journal of petroleum science and engineering,2015,127:329-337.

[166] 侯鹏.低渗透储层岩石气压致裂机制与增透效果研究[D].徐州:中国矿业大学,2018.
[167] 张宏学.页岩储层渗流—应力耦合模型及应用[D].徐州:中国矿业大学,2015.
[168] 徐小丽.温度载荷作用下花岗岩力学性质演化及其微观机制研究[D].徐州:中国矿业大学,2008.
[169] JU Y,YANG Y M,SONG Z D,et al. A statistical model for porous structure of rocks[J]. Science in Chinaseries E:technological sciences,2008,51(11):2040-2058.
[170] NIE B S,LIU X F,YANG L L,et al. Pore structure characterization of different rank coals using gas adsorption and scanning electron microscopy[J]. Fuel,2015,158:908-917.
[171] 郝乐伟,王琪,唐俊.储层岩石微观孔隙结构研究方法与理论综述[J].岩性油气藏,2013,25(5):123-128.
[172] THOMEER J H M. Introduction of a pore geometrical factor defined by the capillary pressure curve[J]. Journal of petroleum technology,1960,12(3):73-77.
[173] WARDLAW N, TAYLOR R. Mercury capillary pressure curves and the intepretation of pore structure and capillary behaviour in reservoir rocks[J]. Bulletin of canadian petroleum geology,1976,24:225-262.
[174] 冯小龙,敖卫华,唐玄.陆相页岩气储层孔隙发育特征及其主控因素分析:以鄂尔多斯盆地长7段为例[J].吉林大学学报(地球科学版),2018,48(3):678-692.
[175] 陈向军,刘军,王林,等.不同变质程度煤的孔径分布及其对吸附常数的影响[J].煤炭学报,2013,38(2):294-300.
[176] 吴恩江,韩宝平,王桂梁,等.山东兖州煤矿区侏罗纪红层孔隙测试及其影响因素分析[J].高校地质学报,2005,11(3):442-452.
[177] BARTON N,BANDIS S,BAKHTAR K. Strength,deformation and conductivity coupling of rock joints[J]. International journal of rock mechanics and mining sciences & geomechanics abstracts,1985,22(3):121-140.
[178] 刘小川.温度对页岩渗流特性的影响研究[D].重庆:重庆大学,2014.
[179] DAROT M,GUEGUEN Y,BARATIN M L. Permeability of thermally cracked granite[J]. Geophysical research letters,1992,19(9):869-872.
[180] YU J,CHEN S J,CHEN X,et al. Experimental investigation on mechanical properties and permeability evolution of red sandstone after heat treatments[J]. Journal of Zhejiang University-science A,2015,16(9):749-759.
[181] LIU J,WANG J G,LEUNG C,et al. A fully coupled numerical model for microwave heating enhanced shale gas recovery[J]. Energies,2018,11(6):1608.
[182] OUGIER-SIMONIN A,RENARD F,BOEHM C,et al. Microfracturing and microporosity in shales[J]. Earth-science reviews,2016,162:198-226.
[183] YANG S Q,TIAN W L,HUANG Y H. Failure mechanical behavior of pre-holed granite specimens after elevated temperature treatment by particle flow code[J]. Geothermics,2018,72:124-137.
[184] FREDRICH J T,WONG T F. Micromechanics of thermally induced cracking in

three crustal rocks[J]. Journal of geophysical research: solid earth, 1986, 91(b12): 12743-12764.

[185] YU W, SEPEHRNOORI K. Simulation of gas desorption and geomechanics effects for unconventional gas reservoirs[J]. Fuel, 2014, 116: 455-464.

[186] HEKMATZADEH M, GERAMI S. A new fast approach for well production prediction in gas-condensate reservoirs [J]. Journal of petroleum science and engineering, 2018, 160: 47-59.

[187] ALTUNDAS Y B B, RAMAKRISHNAN T S S, CHUGUNOV N, et al. Retardation of CO_2 caused by capillary pressure hysteresis: a new CO_2 trapping mechanism[J]. SPE journal, 2011, 16(4): 784-794.

[188] BACHU S, BENNION B. Effects of in situ conditions on relative permeability characteristics of CO_2-brine systems [J]. Environmental geology, 2008, 54 (8): 1707-1722.

[189] BENNION D B, BACHU S. Drainage and imbibition relative permeability relationships for supercritical CO_2/brine and H_2S/brine systems in intergranular sandstone, carbonate, shale, and anhydrite rocks [J]. SPE reservoir evaluation & engineering, 2008, 11(3): 487-496.

[190] LI H R, XIAO H B. Traveling wave solutions for diffusive predator-prey type systems with nonlinear density dependence [J]. Computers & mathematics with applications, 2017, 74(10): 2221-2230.

[191] TYCHKOV S. Travelling wave solution of the Buckley-Leverett equation [J]. Analysis and mathematical physics, 2017, 7(4): 449-458.

[192] 肖翔，殷志祥. 分数阶长短波演化方程的精确行波解[J]. 应用数学, 2022, 35(3): 607-616.

[193] CHEN Z W, LIU J S, KABIR A, et al. Impact of various parameters on the production of coalbed methane[J]. SPE journal, 2013, 18(5): 910-923.

[194] XUE Y C, ZHANG X J, DING G Y. Mathematical model study on gas and water two-phase of early-time flowback in shale gas wells [J]. Science technology and engineering, 2017, 17(24): 213-217.

[195] ILK D, CURRIE SM, SYMMONS D, et al. A comprehensive workflow for early analysis and interpretation of flowback data from wells in tight gas/shale reservoir systems[C]//Presented at the SPE Annual Technical Conference and Exhibition. Florence: [s. n.], 2010.

[196] YANG X J, BALEANU D, TENREIRO MACHADO J A. Systems of navier-stokes equations on cantor sets[J]. Mathematical problems in engineering, 2013: 769724.

[197] YANG X J, BALEANU D. Local fractional integral transforms and their applications [M]. New York: Academic Press, 2015.

[198] 曹伟，康志勤，吕义清，等. 基于 COMSOL Multiphysics 的煤层气对流热采分析[J]. 地下空间与工程学报, 2014, 10(5): 1139-1145.

[199] LIU H Y,HE J H,LI Z B. Fractional calculus for nanoscale flow and heat transfer [J]. International journal of numerical methods for heat & fluid flow,2014,24(6):1227-1250.

[200] MORA C A, WATTENBARGER R A. Comparison of computation methods for CBM performance[J]. Journal of canadian petroleum technology,2009,48(4):42-48.

[201] 张凤婕,吴宇,茅献彪,等.煤层气注热开采的热-流-固耦合作用分析[J].采矿与安全工程学报,2012,29(4):505-510.

[202] 滕腾.煤层气开采中的热-湿-流-固耦合机理研究[D].徐州:中国矿业大学,2017.

[203] 洪滔,王继海.二维爆轰波 DSD 方法的非定态解析解[J].爆炸与冲击,1996,16(4):317-325.

[204] 余庆,张辉,蔡志翔.水下爆炸荷载下围压对岩石裂纹扩展影响的数值模拟[J].中国石油大学学报(自然科学版),2022,46(3):96-104.

[205] JONES J. The spherical detonation[J]. Advances in applied mathematics, 1991, 12(2):147-186.

[206] 刘彦,黄风雷,吴艳青.爆炸物理学[M].北京:北京理工大学出版社,2019.

[207] 郁伯铭,徐鹏,邹明清.分形多孔介质输运物理[M].北京:科学出版社,2014.

[208] BDZIL J B. Modeling two-dimension with detonation shock dynamics[J]. Physics of fluids A,1989,7: 1261-1267.

[209] LAMBOURN B D. Application of Whitham's shock dynamics theory to the propagation of divergent detonation waves[C]//9th Symp (Intern) on detonation, Portland OR: Office of Naval Research,1989:784-797.

[210] CHEN Y,HUANG T F,LIU E R. Rock physics[M]. Hefei:University of Science and Technology of China Press,2009:79-85.

[211] WEI Y Z. Detonation and propagation behavior of TATB explosive,Internal report of Institute of fluid physics[R]. [S. l. :s. n.],1991.

[212] SHANG X J,WANG J G,ZHANG Z Z. Iterative analytical solutions for nonlinear two-phase flow with gas solubility in shale gas reservoirs[J]. Geofluids,2019:4943582.